영역별 반복집중학습 프로그램

기탄영역별수학 도형·측정편

수학과 교육과정에서 초등학교 수학 내용은 '수와 연산', '도형', '측정', '규칙성', '자료와 가능성'의 5개 영역으로 구성되는데, 우리가 이 교재에서 다룰 영역은 '도형·측정'입니다.

'도형' 영역에서는 평면도형과 입체도형의 개념, 구성요소, 성질과 공간감각을 다룹니다. 평면도형이나 입체도형의 개념과 성질에 대한 이해는 실생활 문제를 해결하는 데 기초가 되며, 수학의 다른 영역의 개념과 밀접하게 관련되어 있습니다. 또한 도형을 다루는 경험으로부터 비롯되는 공간감각은 수학적 소양을 기르는 데 도움이 됩니다.

'측정' 영역에서는 시간, 길이, 들이, 무게, 각도, 넓이, 부피 등 다양한 속성의 측정과 어림을 다룹니다. 우리 생활 주변의 측정 과정에서 경험하는 양의 비교, 측정, 어림은 수학 학습을 통해 길러야 할 중요한 기능이고, 이는 실생활이나 타 교과의 학습에서 유용하게 활용되며, 또한 측정을 통해 길러지는 양감은 수학적 소양을 기르는 데 도움이 됩니다.

이 책의 특징

1. 부족한 부분에 대한 집중 연습이 가능

도형·측정 영역은 직관적으로 쉽다고 느끼는 아이들도 있지만, 많은 아이들이 수·연산 영역에 비해 많이 어려워합니다.
길이, 무게, 넓이 등의 여러 속성을 비교하거나 어림해야 할 때는 섬세한 양감능력이 필요하고, 입체도형의 겉넓이나 부피를 구해야 할 때는 도형의 속성, 전개도의 이해는 물론 계산능력까지도 필요합니다. 도형을 돌리거나 뒤집는 대칭이동을 알아볼 때는 실제 해본 경험을 토대로 하여 형성된 추론능력이 필요하기도 합니다.
다른 여러 영역에 비해 도형·측정 영역은 이렇게 종합적이고 논리적인 사고와 직관력을 동시에 필요로 하기 때문에 문제 상황에 익숙해지기까지는 당황스러울 수밖에 없습니다.
하지만 절대 걱정할 필요가 없습니다.
기초부터 차근차근 쌓아 올라가야만 다른 단계로의 확장이 가능한 수·연산 등 다른 영역과 달리, 도형·측정 영역은 각각의 내용들이 독립성 있는 경우가 대부분이어서 부족한 부분만 집중 연습해도 충분히 그 부분의 완성도 있는 학습이 가능하기 때문입니다.
이번에 기탄에서 출시한 기탄영역별수학 도형·측정편으로 부족한 부분을 선택하여 집중적으로 연습해 보세요. 원하는 만큼 실력과 자신감이 쑥쑥 향상됩니다.

2. 학습 부담 없는 알맞은 분량

내게 부족한 부분을 선택해서 집중 연습하려고 할 때, 그 부분의 학습 분량이 너무 많으면 부담 때문에 시작하기조차 힘들 수 있습니다.
무조건 문제 수가 많은 것보다 학습의 흥미도를 떨어뜨리지 않는 범위 내에서 필요한 만큼 충분한 양일 때 학습효과가 가장 좋습니다.
기탄영역별수학 도형·측정편은 다루어야 할 내용을 세분화하여, 한 가지 내용에 대한 학습량도 권당 80쪽, 쪽당 문제 수도 3~8문제 정도로 여유 있게 배치하여 학습 부담을 줄이고 학습효과는 높였습니다.
학습자의 상태를 가장 많이 고민한 책, 기탄영역별수학 도형·측정편으로 미루어 두었던 수학에의 도전을 시작해 보세요.

이 책의 구성

★ 본 학습

제목을 통해 이번 차시에서 학습해야 할 내용이 무엇인지 짚어 보고, 그것을 익히기 위한 최적화된 연습문제를 반복해서 집중적으로 풀어 볼 수 있습니다.

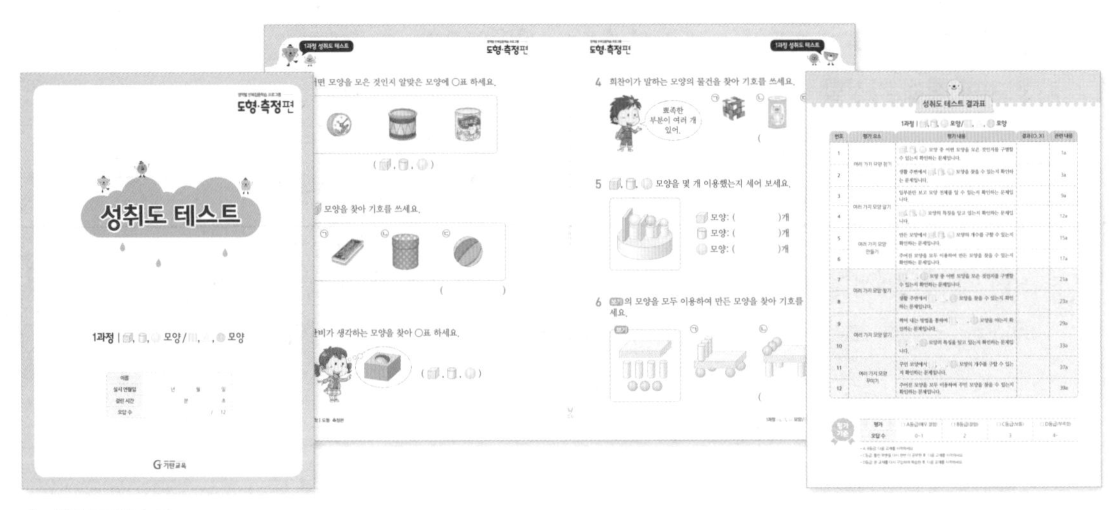

★ 성취도 테스트

성취도 테스트는 본문에서 집중 연습한 내용을 최종적으로 한번 더 확인해 보는 문제들로 구성되어 있습니다. 성취도 테스트를 풀어 본 후, 결과표에 내가 맞은 문제인지 틀린 문제인지 체크를 해가며 각각의 문항을 통해 성취해야 할 학습목표와 학습내용을 짚어 보고, 성취된 부분과 부족한 부분이 무엇인지 확인합니다.

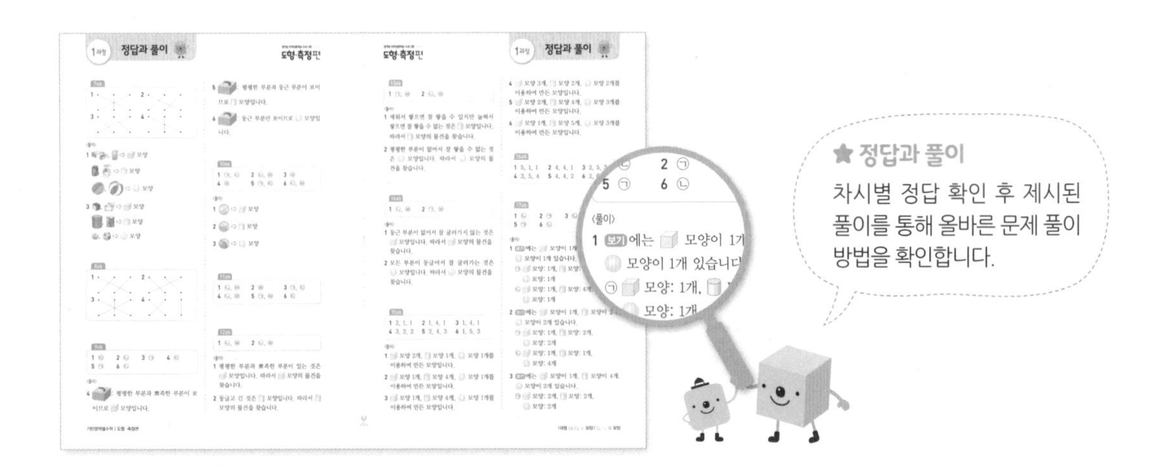

★ 정답과 풀이

차시별 정답 확인 후 제시된 풀이를 통해 올바른 문제 풀이 방법을 확인합니다.

기탄영역별수학
도형·측정편

공간과 입체(쌓기나무)

기초부터 탄탄하게
기탄교육

공간과 입체(쌓기나무)

어느 방향에서 보았는지 알아보기

이름 :

날짜 :

시간 : : ~ :

사진을 보고 어느 방향에서 찍었는지 찾기 ①

★ 유빈이는 창경궁에 있는 명정전의 사진을 여러 방향에서 찍었습니다. 각 사진은 어느 방향에서 찍은 것인지 기호를 써 보세요.

1

( )

2

( )

3

( )

4

( )

★ 현민이는 창덕궁에 있는 궁궐의 사진을 여러 방향에서 찍었습니다. 각 사진은 어느 방향에서 찍은 것인지 기호를 써 보세요.

5

(　　　　　)

6

(　　　　　)

7

(　　　　　)

8

(　　　　　)

어느 방향에서 보았는지 알아보기

이름 :

날짜 :

시간 : : ~ :

사진을 보고 어느 방향에서 찍었는지 찾기 ②

★ 다혜는 창경궁에 있는 양화당의 사진을 여러 방향에서 찍었습니다. 각 사진은 어느 방향에서 찍은 것인지 기호를 써 보세요.

1

(　　　　　　)

2

(　　　　　　)

3

(　　　　　　)

4

(　　　　　　)

★ 배를 타고 여러 방향에서 사진을 찍었습니다. 각 사진은 어느 배에서 찍은 것인지 기호를 써 보세요.

5

(　　　　　　)

6

(　　　　　　)

7

(　　　　　　)

8

(　　　　　　)

어느 방향에서 보았는지 알아보기

이름 :
날짜 :
시간 : : ~ :

사진을 보고 어느 방향에서 찍었는지 찾기 ③

★ 서준이는 공원에 있는 세종대왕 동상의 사진을 여러 방향에서 찍었습니다. 각 사진은 어느 방향에서 찍은 것인지 기호를 써 보세요.

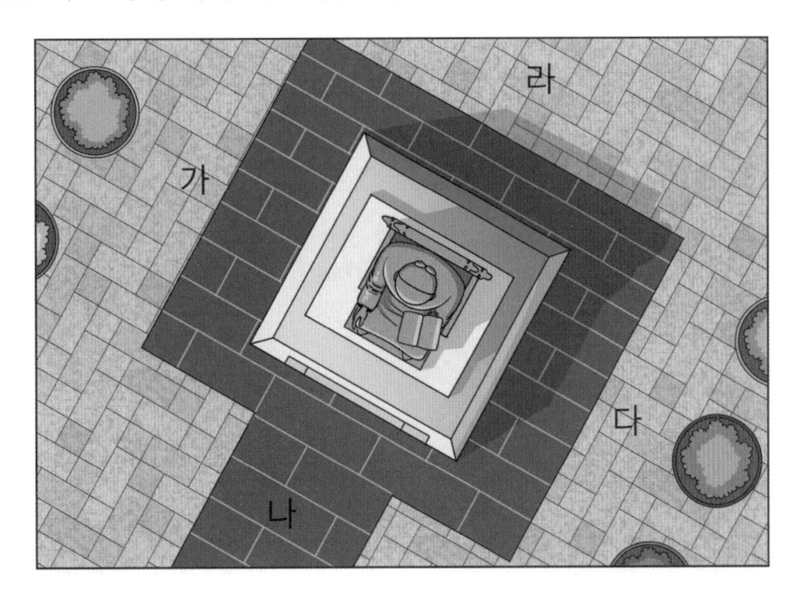

1

( )

2

( )

3

( )

4

( )

★ 연수는 공원에 있는 이순신 장군 동상의 사진을 여러 방향에서 찍었습니다. 각 사진은 어느 방향에서 찍은 것인지 기호를 써 보세요.

5

(　　　　　)

6

(　　　　　)

7

(　　　　　)

8

(　　　　　)

어느 방향에서 보았는지 알아보기

이름 :

날짜 :

시간 : : ~ :

사진을 보고 어느 방향에서 찍었는지 찾기 ④

★ 종우는 컵의 사진을 여러 방향에서 찍었습니다. 각 사진은 어느 방향에서 찍은 것인지 기호를 써 보세요.

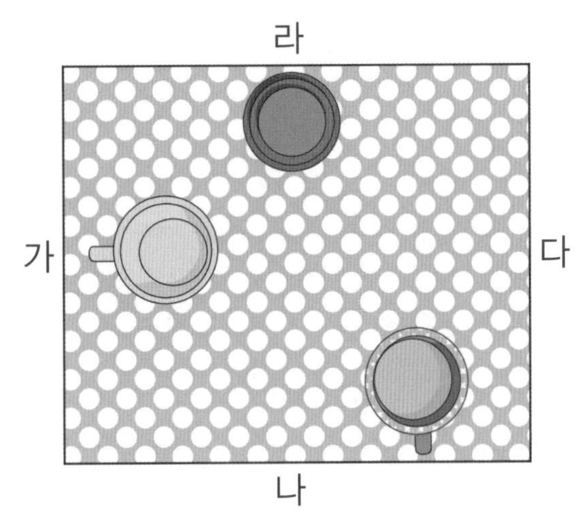

1

(　　　　　　)

2

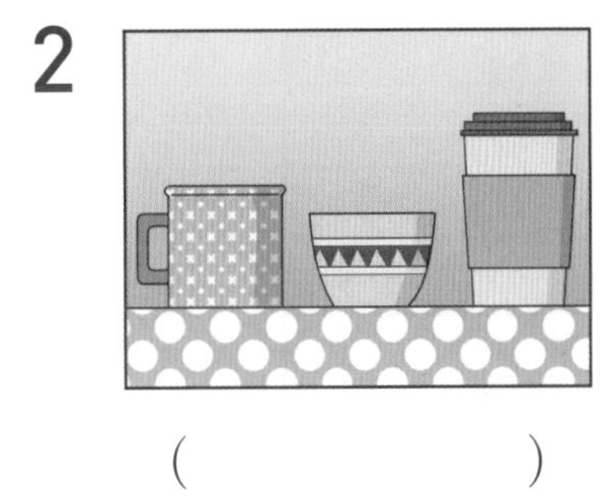

(　　　　　　)

3

(　　　　　　)

4

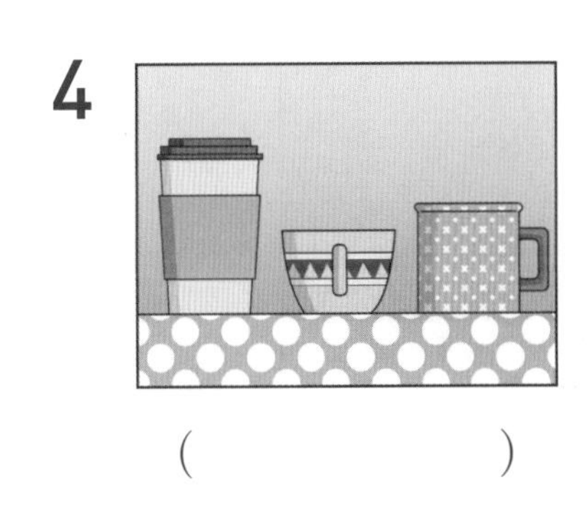

(　　　　　　)

★ 민아는 인형의 사진을 여러 방향에서 찍었습니다. 각 사진은 어느 방향에서 찍은 것인지 기호를 써 보세요.

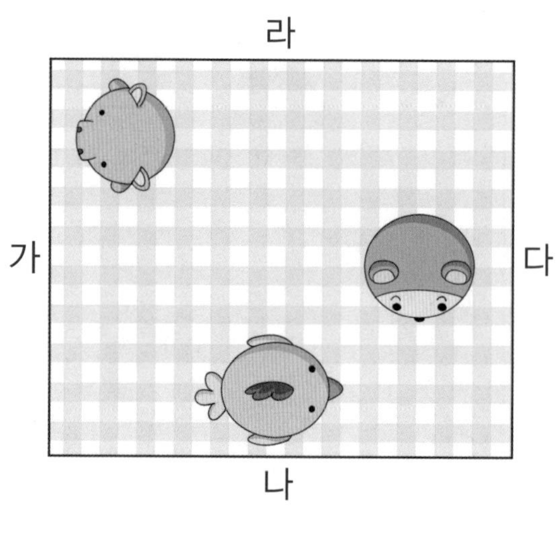

5

(　　　　　　)

6

(　　　　　　)

7

(　　　　　　)

8

(　　　　　　)

어느 방향에서 보았는지 알아보기

이름 :

날짜 :

시간 : : ~ :

사진을 보고 찍은 사람 찾기 ①

★ 가은이네 모둠 친구들은 공원에 있는 조각의 사진을 여러 방향에서 찍었습니다. 각 사진은 누가 찍은 것인지 이름을 써 보세요.

1

( )

2

( )

3

( )

4

( )

★ 태영이네 모둠 친구들은 공원에 있는 조각의 사진을 여러 방향에서 찍었습니다. 각 사진은 누가 찍은 것인지 이름을 써 보세요.

5

(　　　　　　)

6

(　　　　　　)

7

(　　　　　　)

8

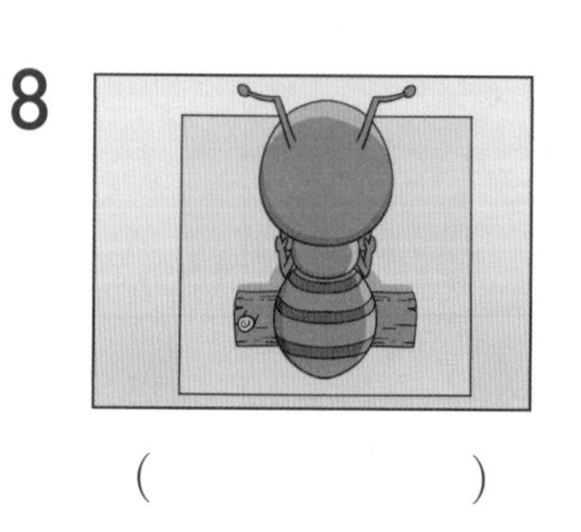

(　　　　　　)

어느 방향에서 보았는지 알아보기

이름 :

날짜 :

시간 : : ~ :

사진을 보고 찍은 사람 찾기 ②

★ 다연이네 모둠 친구들은 양궁 자세의 사진을 여러 방향에서 찍었습니다. 각 사진은 누가 찍은 것인지 이름을 써 보세요.

1

(　　　　　)

2

(　　　　　)

3

(　　　　　)

4

(　　　　　)

★ 정훈이네 모둠 친구들은 태권도 품새의 사진을 여러 방향에서 찍었습니다.
각 사진은 누가 찍은 것인지 이름을 써 보세요.

5

(　　　　　　)

6

(　　　　　　)

7

(　　　　　　)

8

(　　　　　　)

쌓은 모양과 쌓기나무의 개수 알아보기(1)

이름 :

날짜 :

시간 : : ~ :

건물 모양과 똑같이 쌓기

★ 건물 모양과 쌓기나무로 쌓은 모양을 보고 물음에 답하세요.

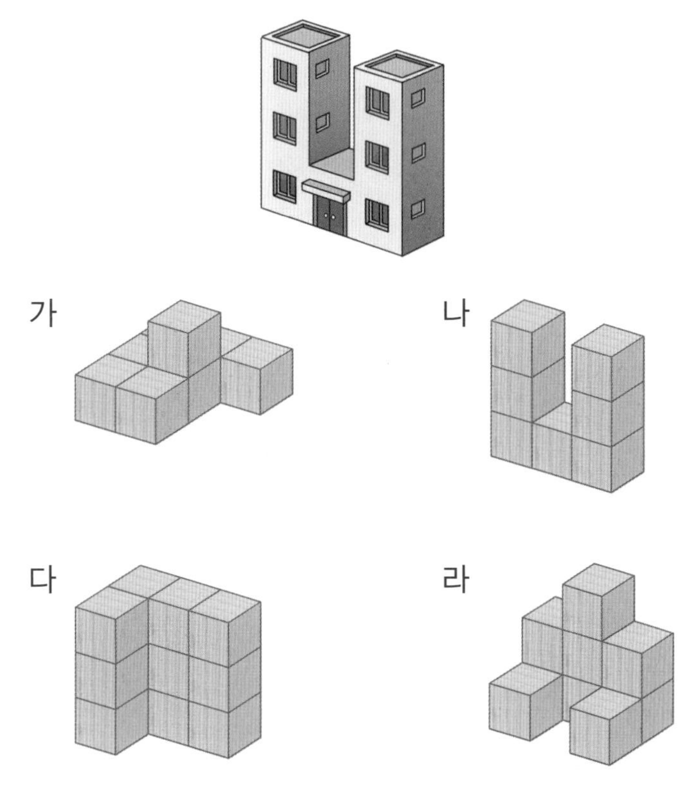

1 건물 모양을 보고 쌓기나무로 쌓은 것을 찾아 기호를 써 보세요.

( )

2 건물 모양과 똑같이 쌓는 데 필요한 쌓기나무는 몇 개인가요?

( )개

★ 건물 모양과 쌓기나무로 쌓은 모양을 보고 물음에 답하세요.

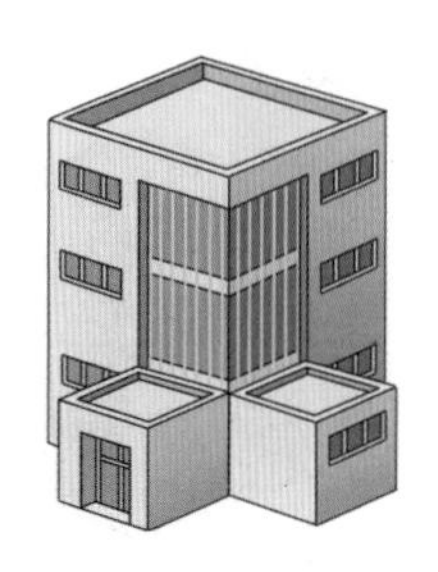

가
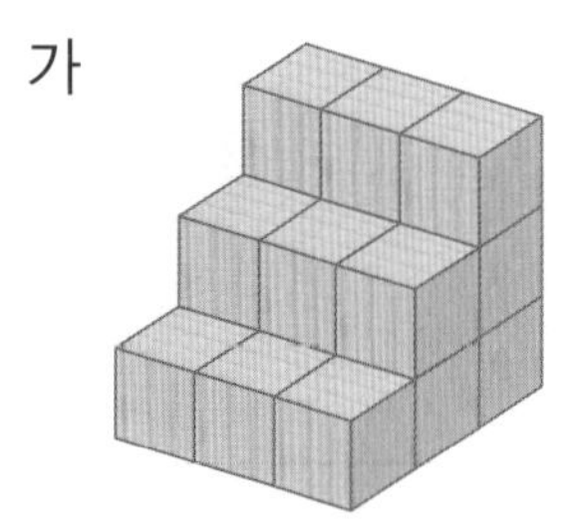

나
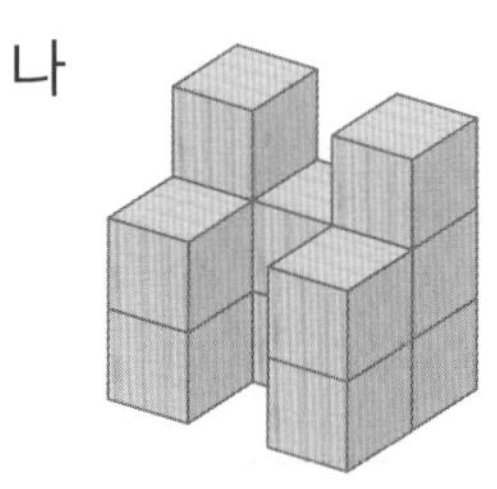

다
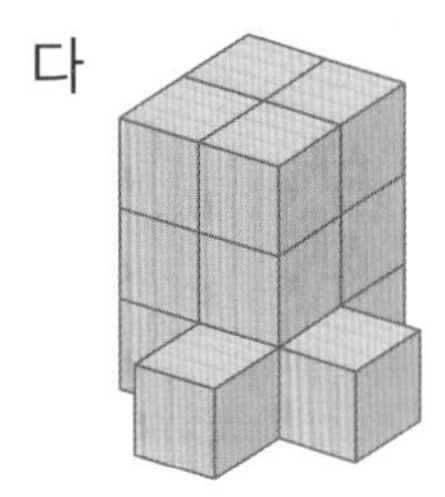

라
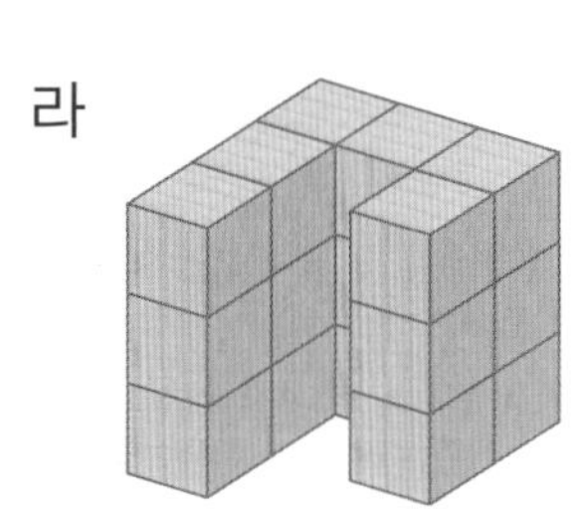

3 건물 모양을 보고 쌓기나무로 쌓은 것을 찾아 기호를 써 보세요.

( )

4 건물 모양과 똑같이 쌓는 데 필요한 쌓기나무는 몇 개인지 알 수 있나요, 없나요?

( )

보이지 않는 부분에 숨겨진 쌓기나무가 있을 수 있기 때문에 쌓기나무의 개수가 여러 가지로 나올 수 있습니다.

쌓은 모양과 쌓기나무의 개수 알아보기(1)

이름 :
날짜 :
시간 : : ~ :

필요한 쌓기나무의 개수 알아보기

★ 쌓기나무를 왼쪽과 같은 모양으로 쌓았습니다. 돌렸을 때 왼쪽 그림과 같은 모양을 만들 수 없는 경우를 찾아 기호를 써 보세요.

1

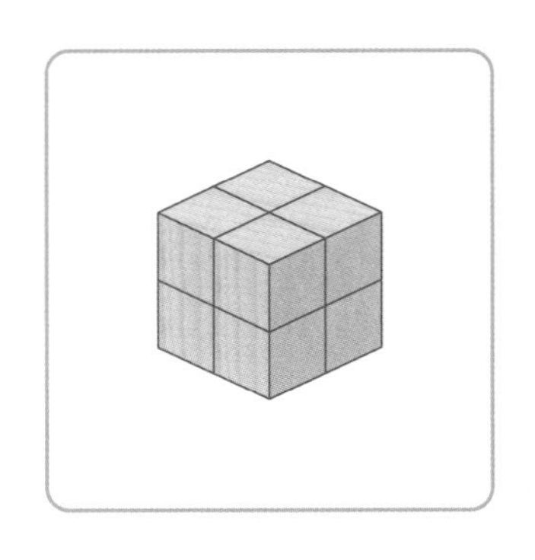

가

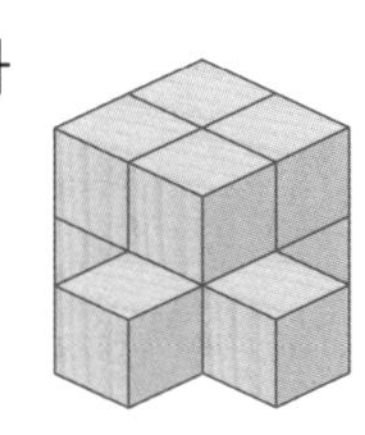

나

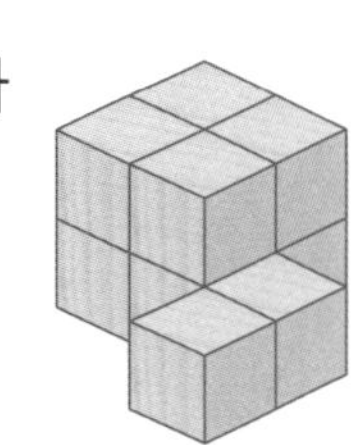

다

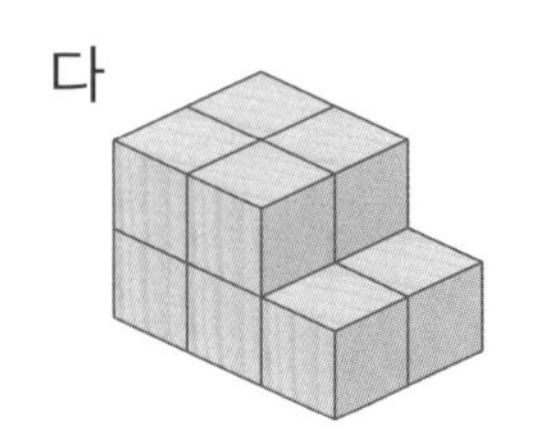

라

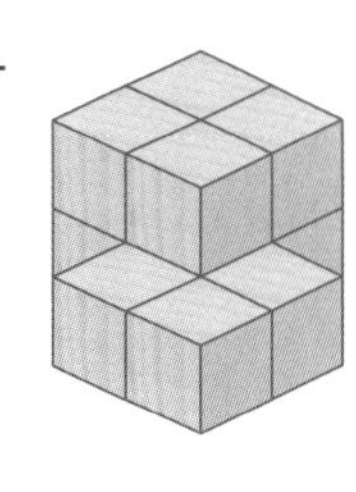

( )

2

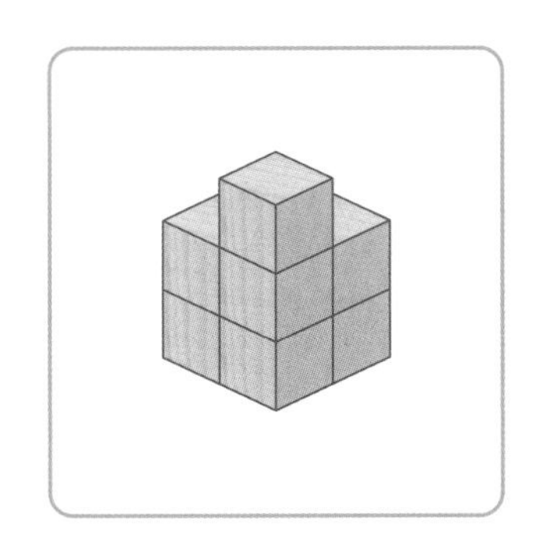

가

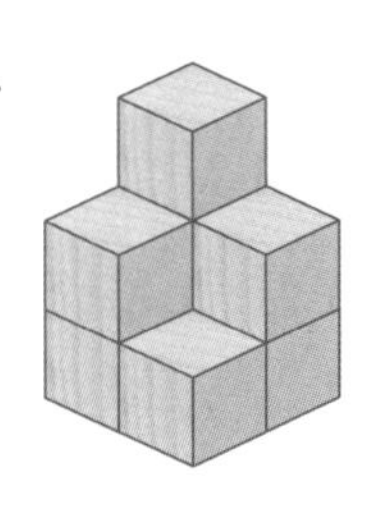

나

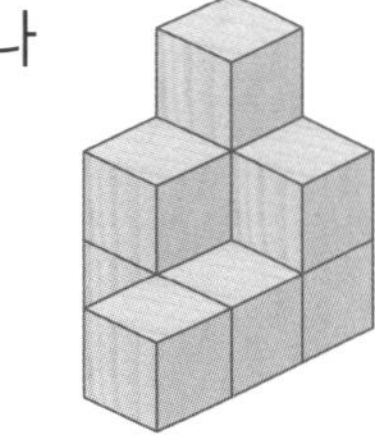

다

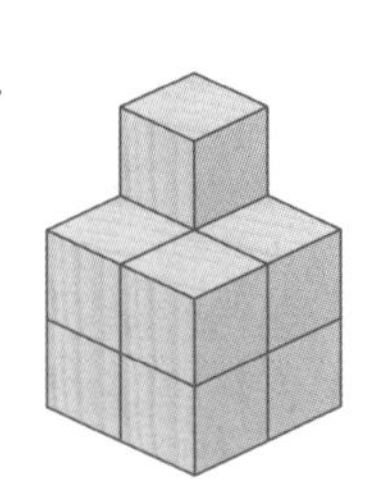

라

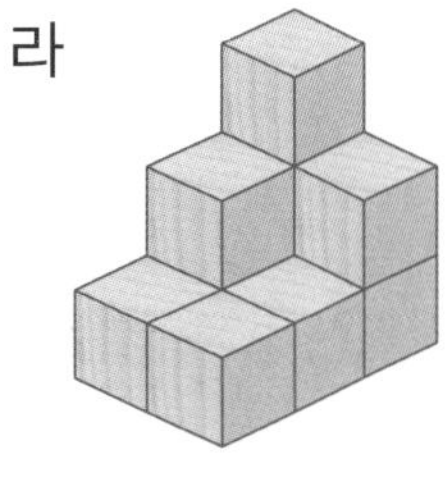

( )

★ 주어진 모양과 똑같이 쌓는 데 필요한 쌓기나무의 개수를 구하려고 합니다. 민규와 윤지가 각각 다음과 같이 돌렸을 때, ☐ 안에 알맞은 수를 써넣으세요.

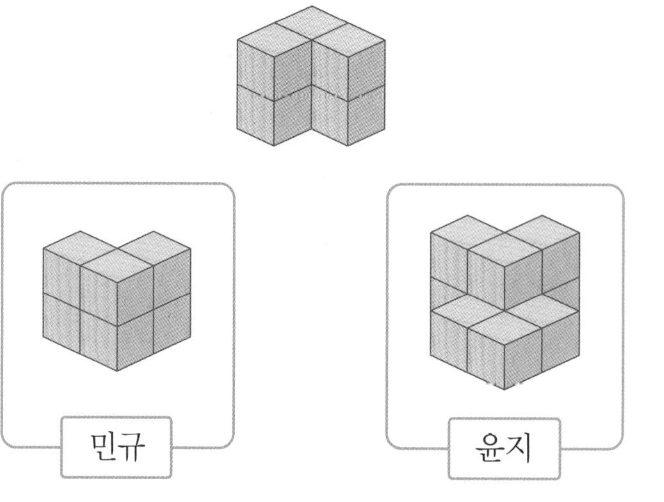

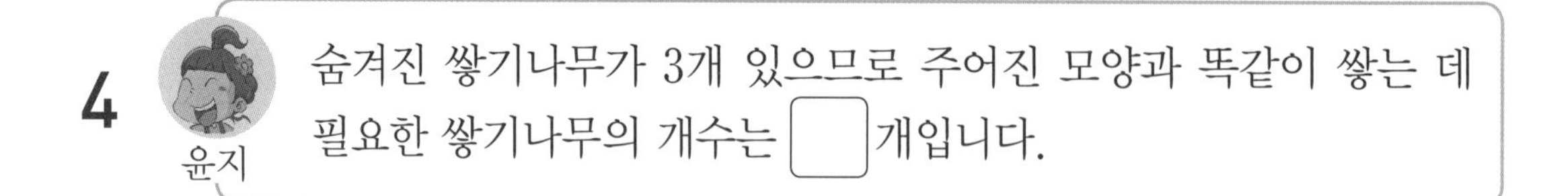

3 (민규) 숨겨진 쌓기나무가 없으므로 주어진 모양과 똑같이 쌓는 데 필요한 쌓기나무의 개수는 ☐개입니다.

4 (윤지) 숨겨진 쌓기나무가 3개 있으므로 주어진 모양과 똑같이 쌓는 데 필요한 쌓기나무의 개수는 ☐개입니다.

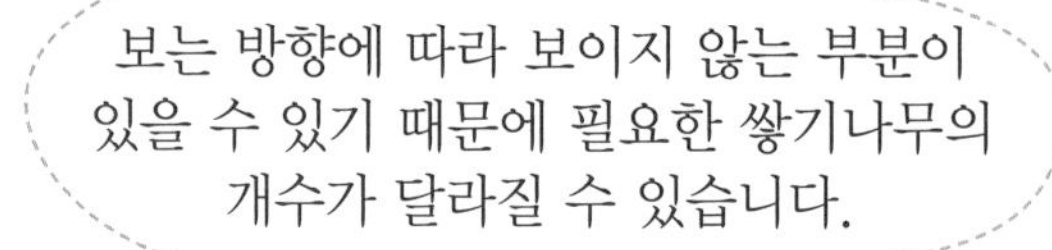

쌓은 모양과 쌓기나무의 개수 알아보기(1)

이름 :
날짜 :
시간 : : ~ :

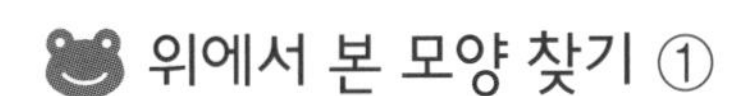

위에서 본 모양 찾기 ①

★ 쌓기나무로 쌓은 모양을 보고 위에서 본 모양을 그렸습니다. 관계있는 것끼리 이어 보세요.

1 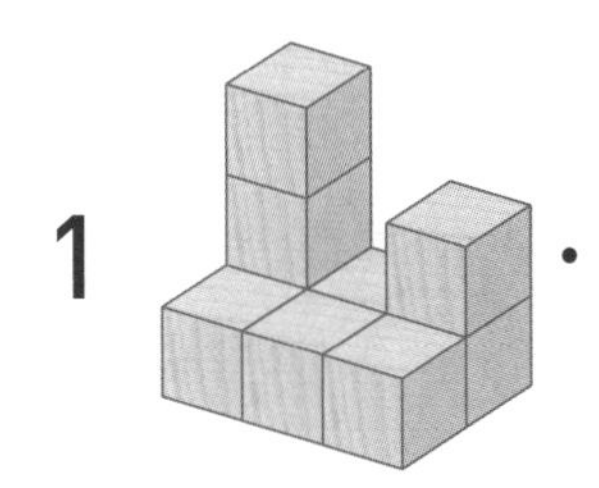 • • ㉠ 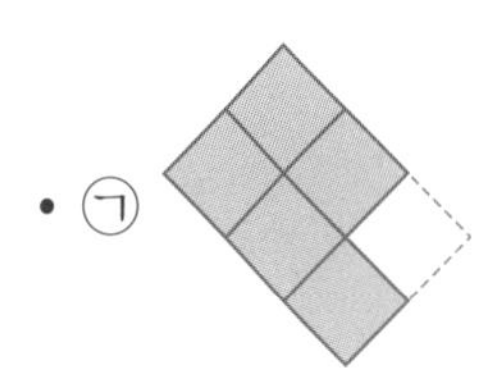

2 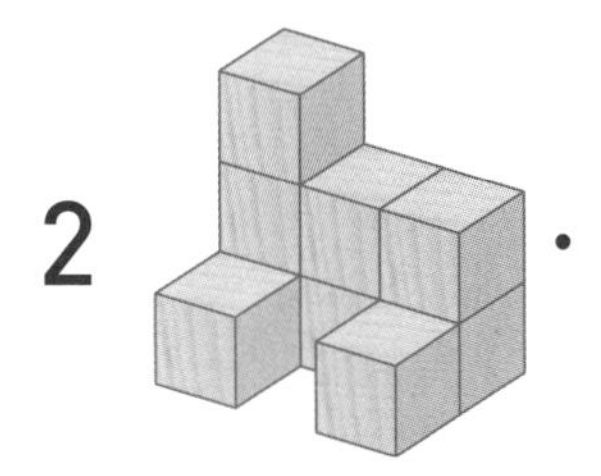 • • ㉡ 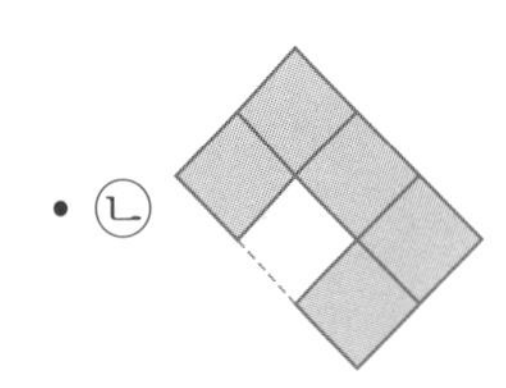

3  • • ㉢ 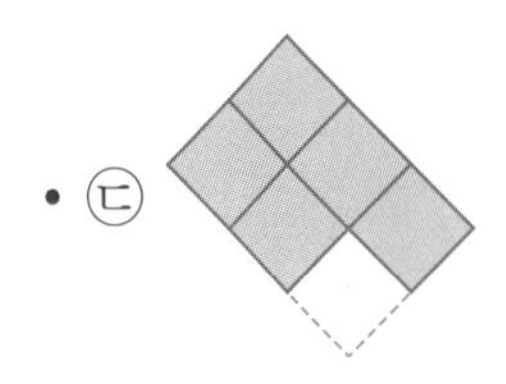

4 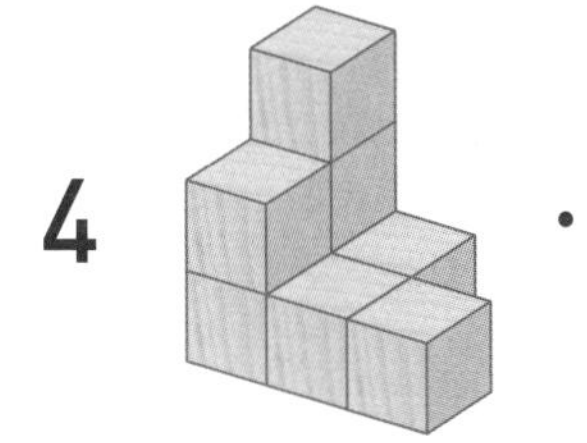 • • ㉣ 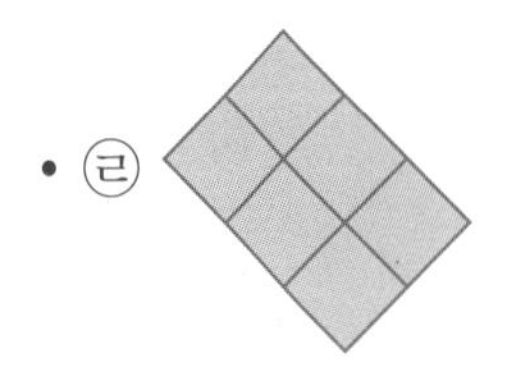

★ 쌓기나무로 쌓은 모양을 보고 위에서 본 모양을 그렸습니다. 관계있는 것끼리 이어 보세요.

5 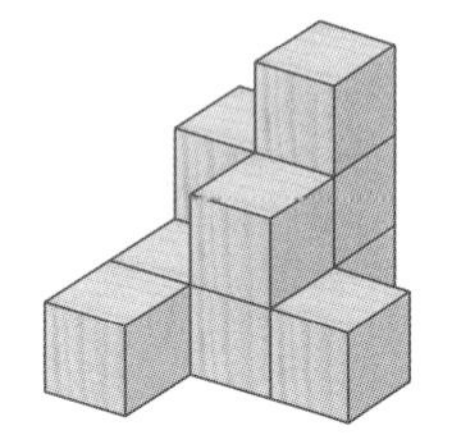 • • ㉠

6 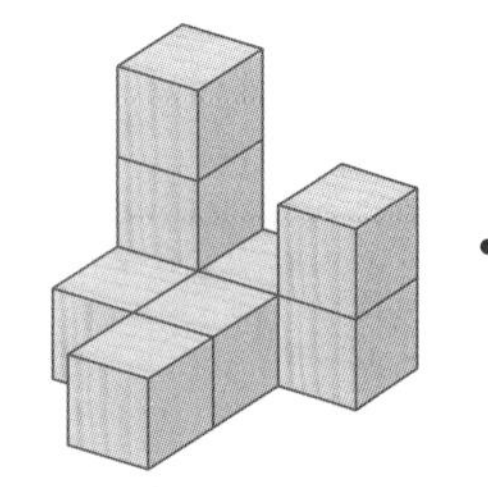 • • ㉡ 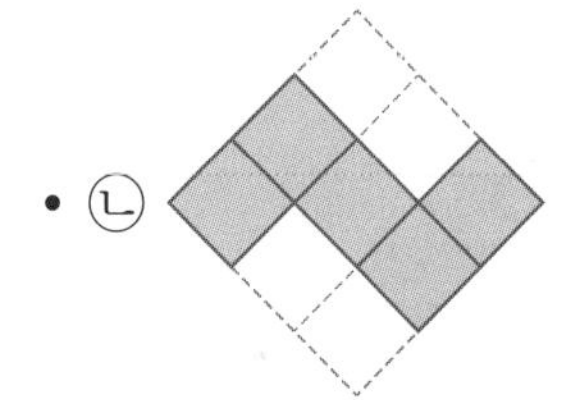

7  • • ㉢ 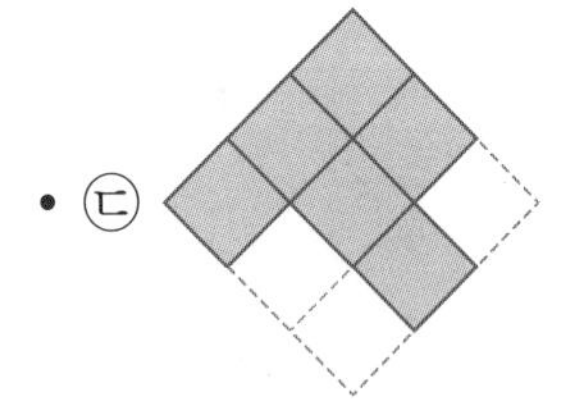

8  • • ㉣ 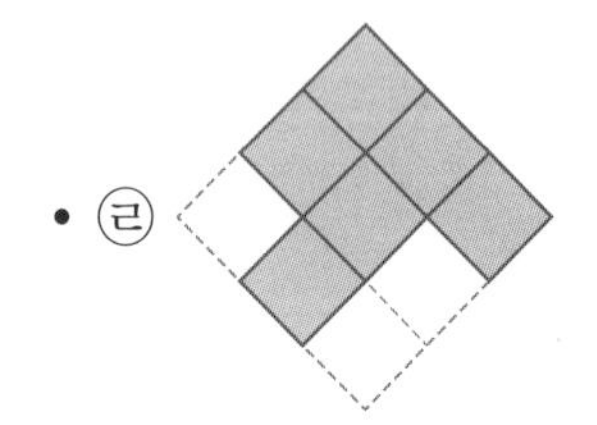

쌓은 모양과 쌓기나무의 개수 알아보기(1)

이름 :
날짜 :
시간 : : ~ :

위에서 본 모양 찾기 ②

★ 쌓기나무로 쌓은 모양을 보고 위에서 본 모양을 그렸습니다. 관계있는 것끼리 이어 보세요.

1  • • ㉠ 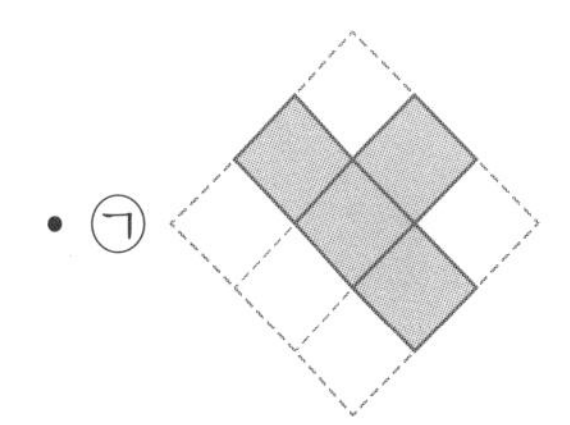

2  • • ㉡ 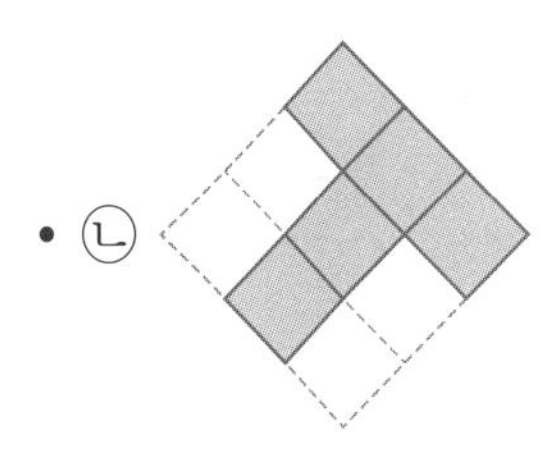

3  • • ㉢ 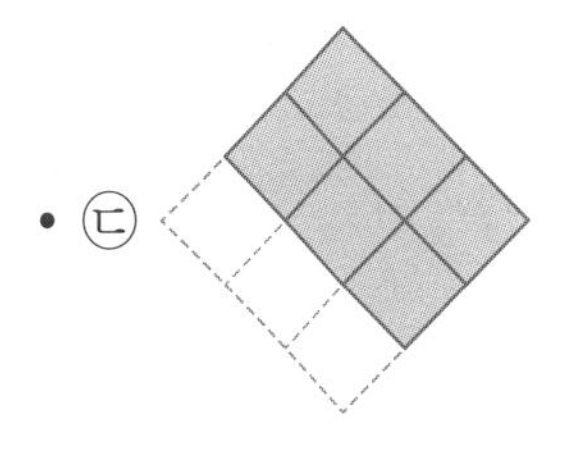

4 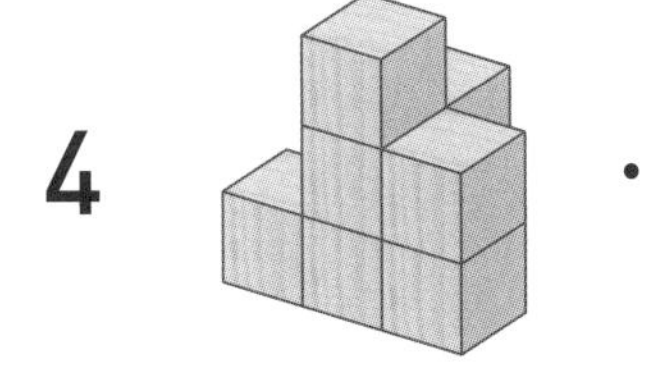 • • ㉣ 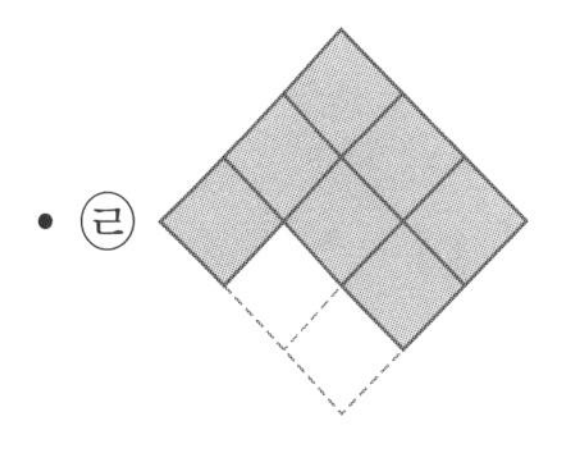

★ 쌓기나무로 쌓은 모양을 보고 위에서 본 모양을 그렸습니다. 관계있는 것끼리 이어 보세요.

5 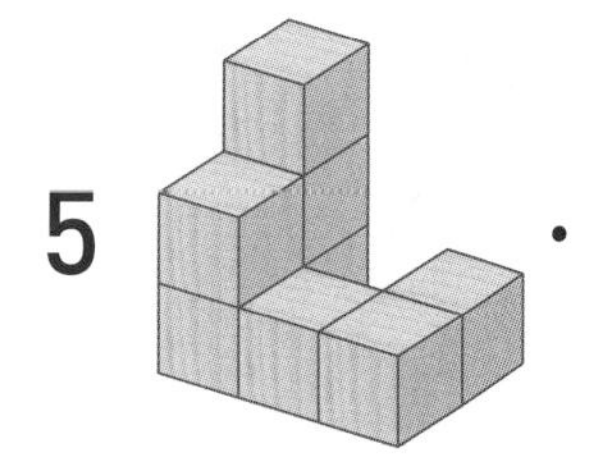 •

• ㉠ 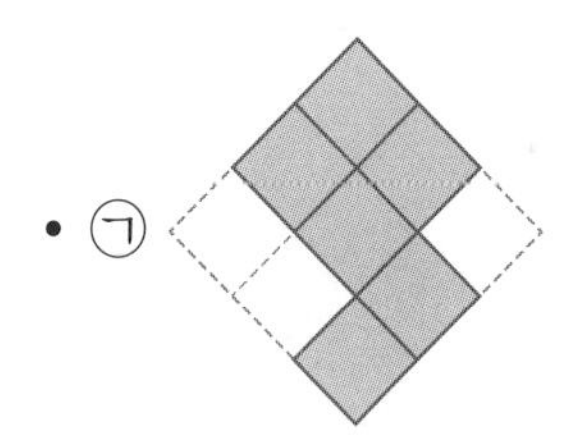

6 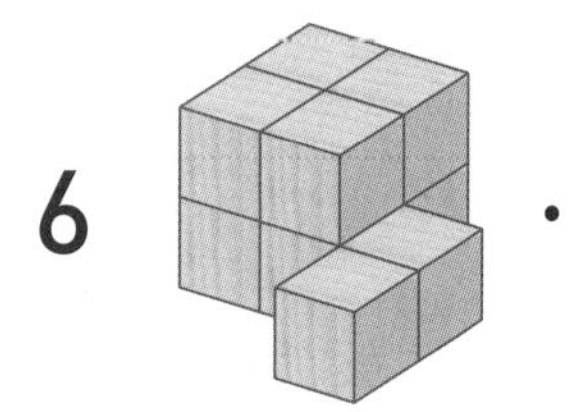 •

• ㉡ 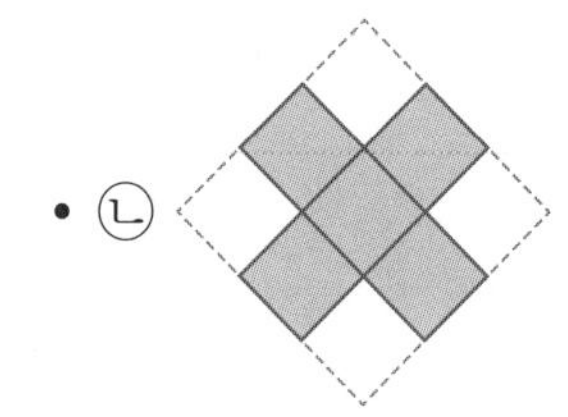

7 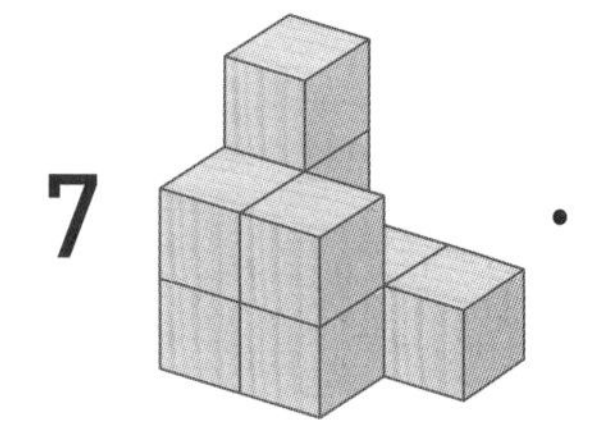 •

• ㉢ 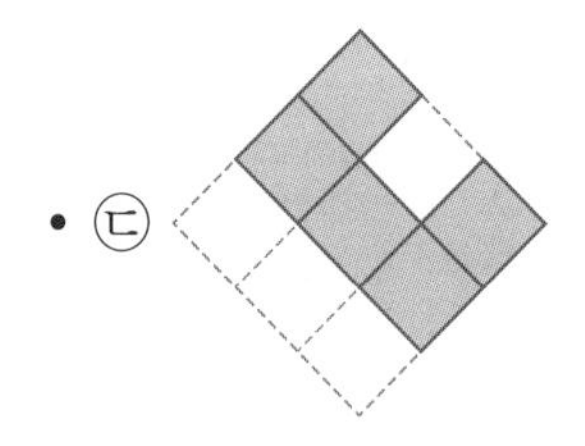

8 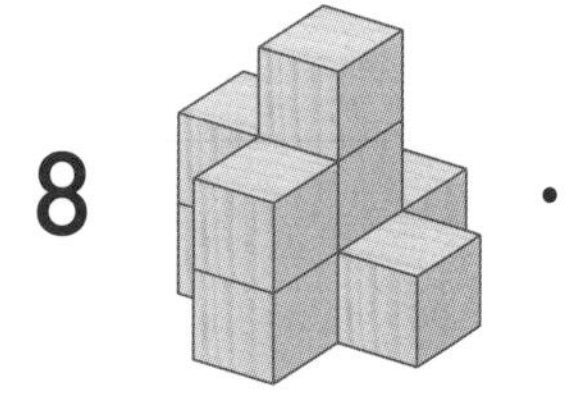 •

• ㉣ 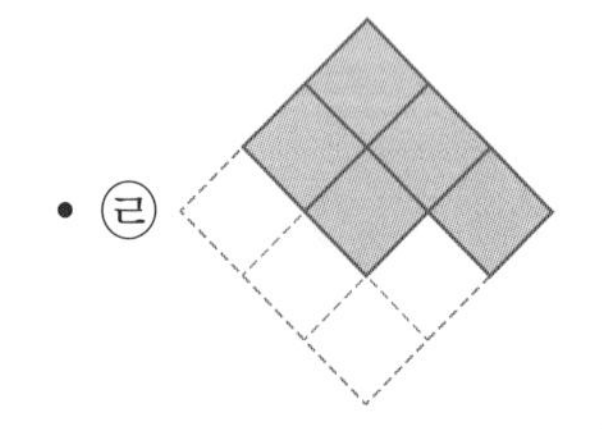

쌓은 모양과 쌓기나무의 개수 알아보기(1)

이름 :
날짜 :
시간 : : ~ :

 필요한 쌓기나무의 개수 구하기 ①

★ 쌓기나무로 쌓은 모양과 이를 위에서 본 모양입니다. 주어진 모양과 똑같이 쌓는 데 필요한 쌓기나무의 개수를 구해 보세요.

1

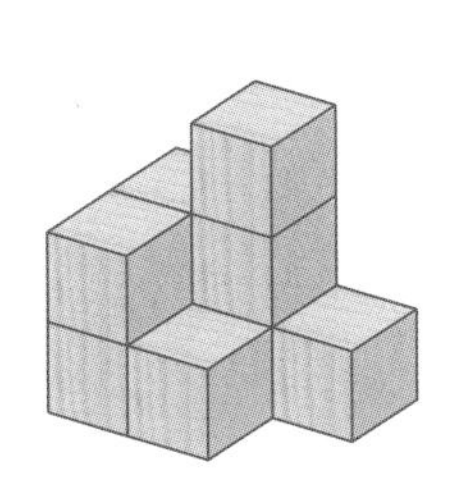

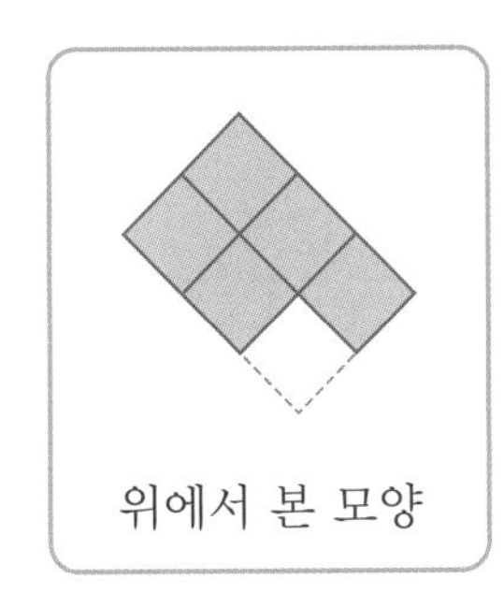

위에서 본 모양

( )개

2

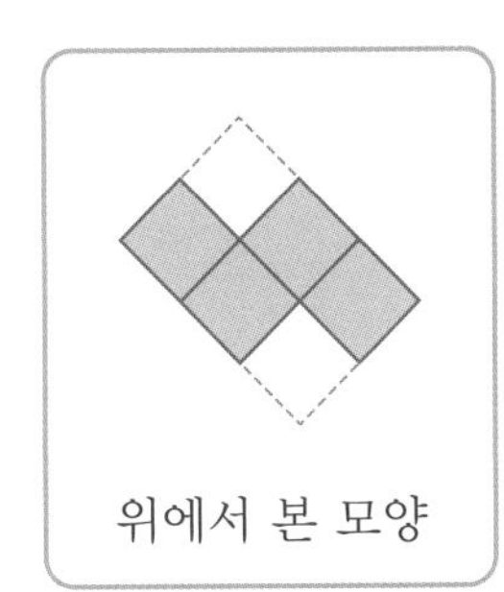

위에서 본 모양

( )개

3

위에서 본 모양

( )개

★ 쌓기나무로 쌓은 모양과 이를 위에서 본 모양입니다. 주어진 모양과 똑같이 쌓는 데 필요한 쌓기나무의 개수를 구해 보세요.

4

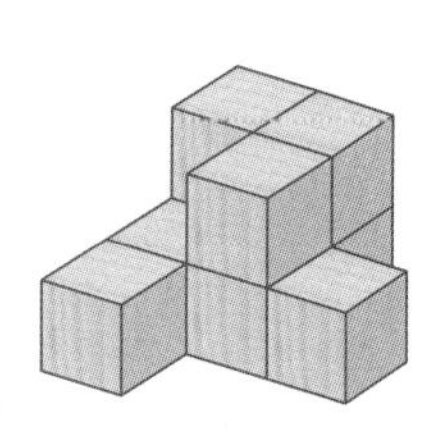

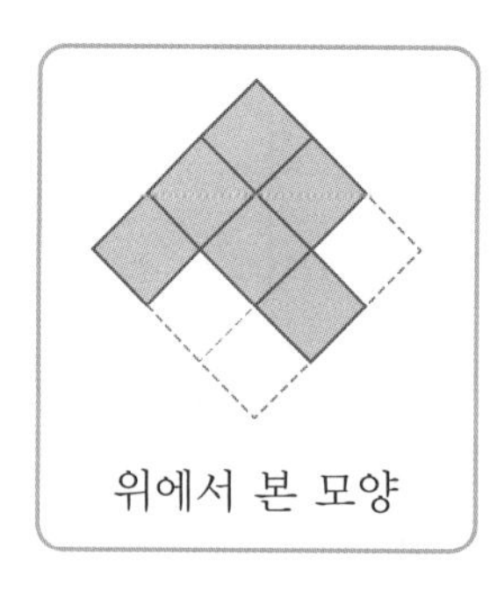

(　　　　　　　　)개

5

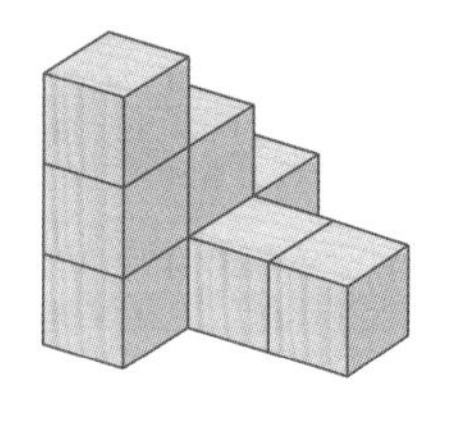

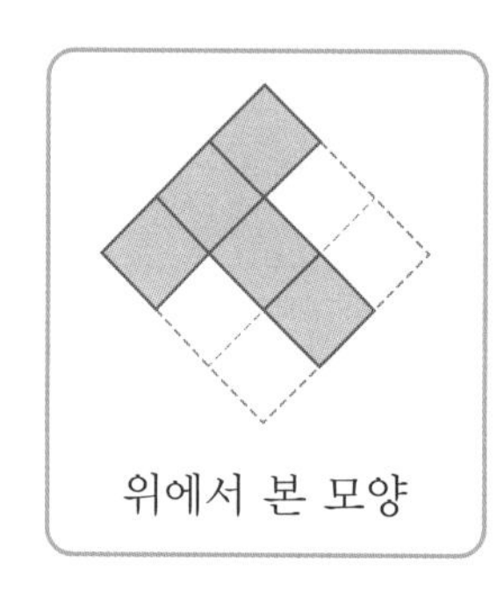

(　　　　　　　　)개

6

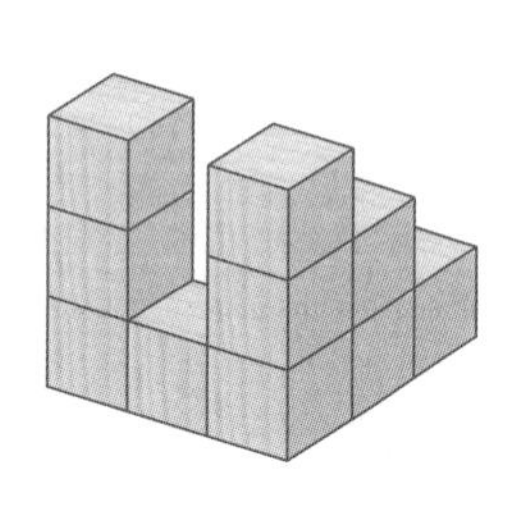

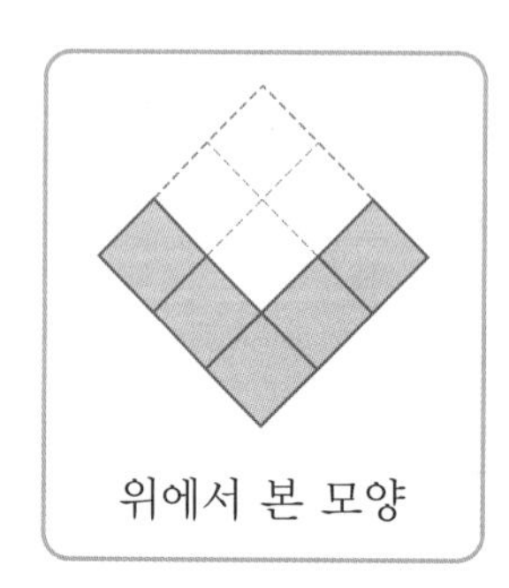

(　　　　　　　　)개

쌓은 모양과 쌓기나무의 개수 알아보기(1)

이름 :
날짜 :
시간 : : ~ :

필요한 쌓기나무의 개수 구하기 ②

★ 쌓기나무로 쌓은 모양과 이를 위에서 본 모양입니다. 주어진 모양과 똑같이 쌓는 데 필요한 쌓기나무의 개수를 구해 보세요.

1

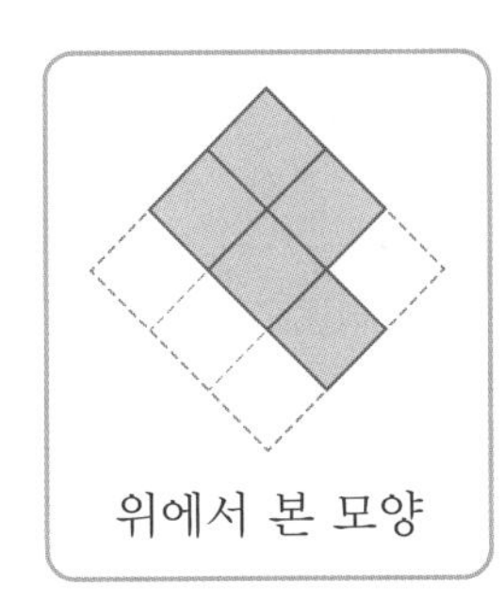

( )개

2

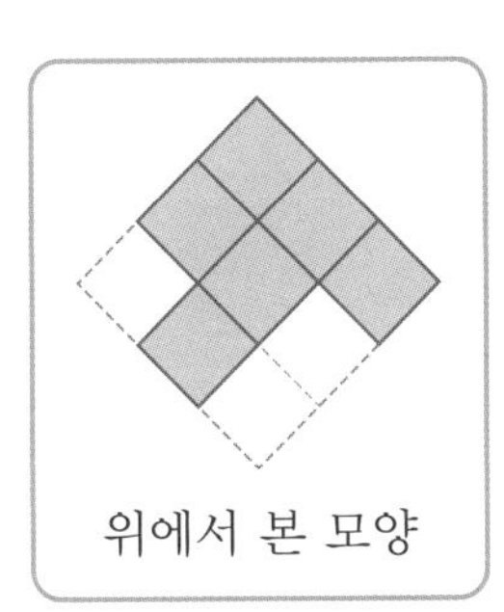

( )개

3

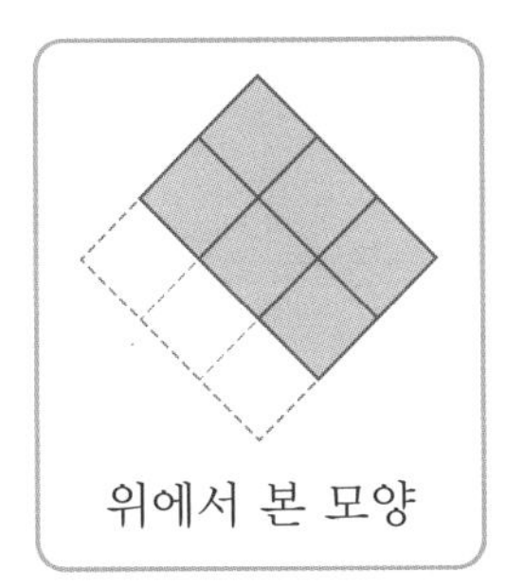

( )개

★ 쌓기나무로 쌓은 모양과 이를 위에서 본 모양입니다. 주어진 모양과 똑같이 쌓는 데 필요한 쌓기나무의 개수를 구해 보세요.

4

위에서 본 모양

( )개

5

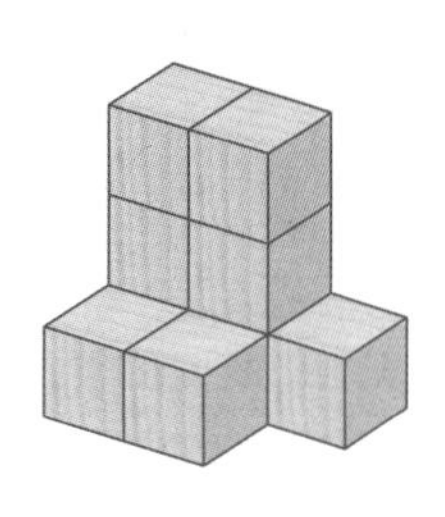

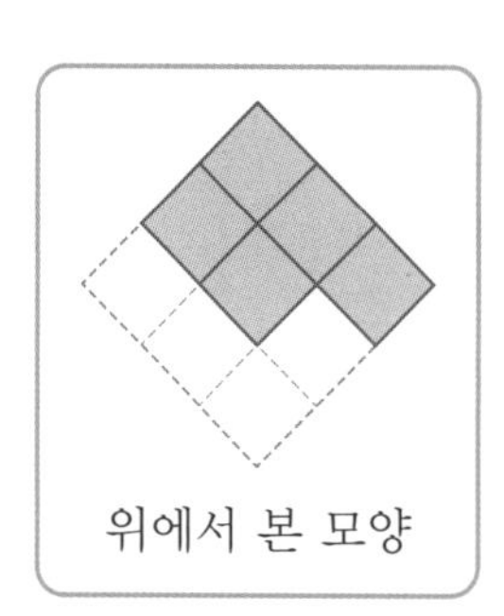

위에서 본 모양

( )개

6

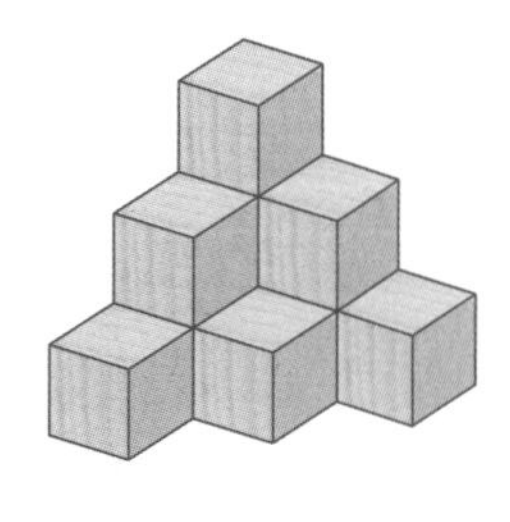

위에서 본 모양

( )개

쌓은 모양과 쌓기나무의 개수 알아보기(1)

이름 :
날짜 :
시간 :   :   ~   :

필요한 쌓기나무의 개수 구하기 ③

★ 쌓기나무로 쌓은 모양과 이를 위에서 본 모양을 보고, 주어진 모양과 똑같이 쌓는 데 필요한 쌓기나무의 개수를 구하려고 합니다. 지유와 동호가 각각 다음과 같이 돌렸을 때, □ 안에 알맞은 수를 써넣으세요.

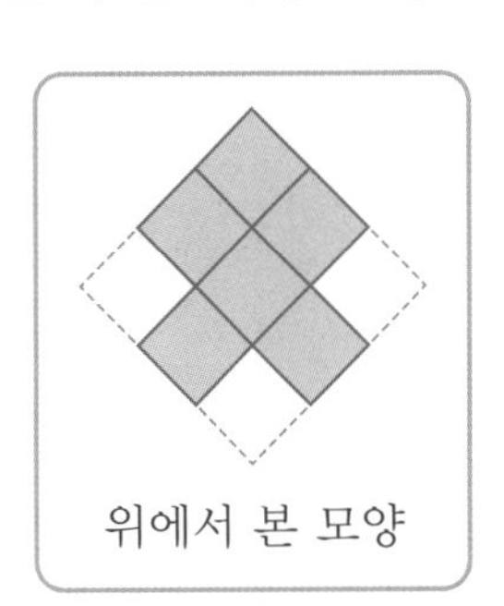

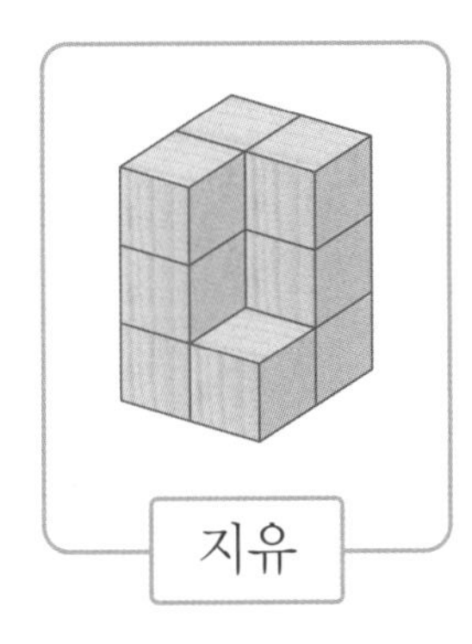

지유

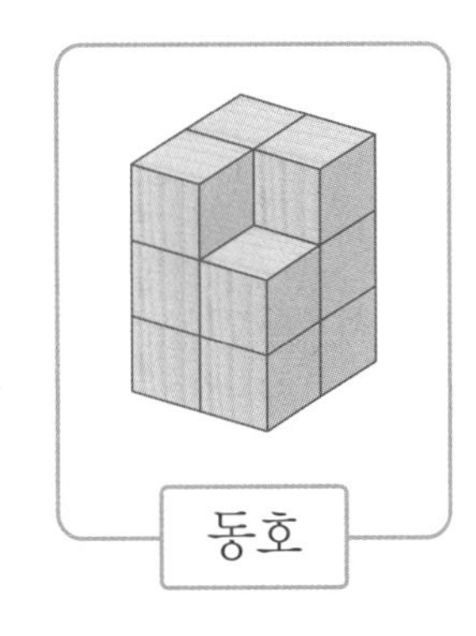

동호

1 

숨겨진 쌓기나무가 □개 있으므로 주어진 모양과 똑같이 쌓는 데 필요한 쌓기나무의 개수는 □개입니다.

2 동호

숨겨진 쌓기나무가 □개 있으므로 주어진 모양과 똑같이 쌓는 데 필요한 쌓기나무의 개수는 □개입니다.

보이지 않는 부분에 놓인 쌓기나무의 개수에 따라 필요한 쌓기나무의 개수가 달라질 수 있습니다.

★ 쌓기나무로 쌓은 모양과 이를 위에서 본 모양입니다. 주어진 모양과 똑같이 쌓는 데 필요한 쌓기나무가 적은 경우와 많은 경우는 각각 몇 개인지 차례로 구해 보세요.

3

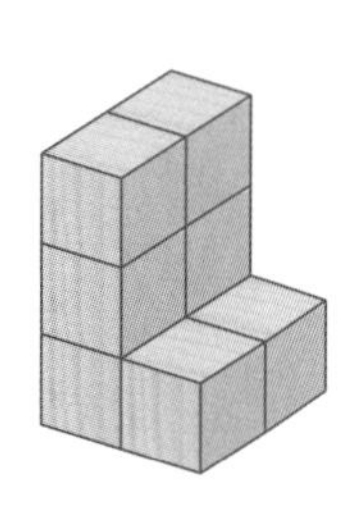

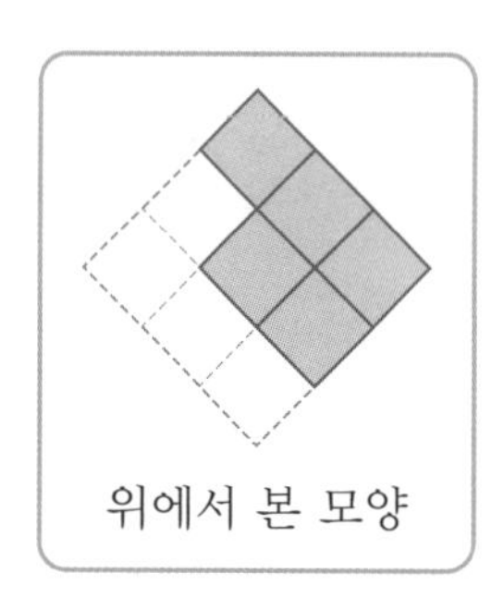

위에서 본 모양

(　　　　)개, (　　　　)개

4

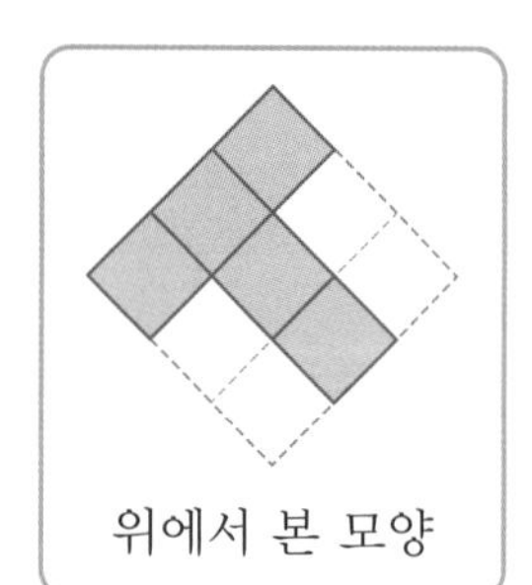

위에서 본 모양

(　　　　)개, (　　　　)개

5

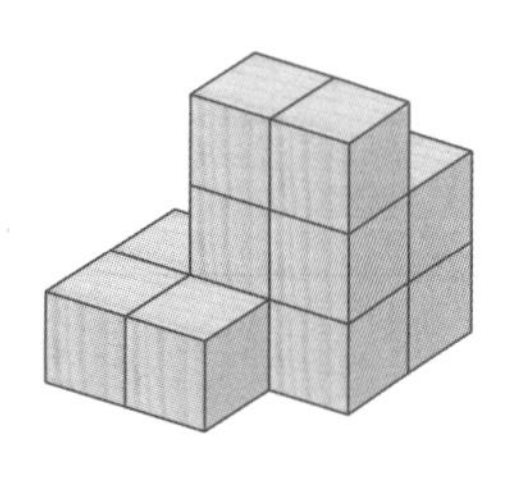

위에서 본 모양

(　　　　)개, (　　　　)개

쌓은 모양과 쌓기나무의 개수 알아보기(2)

이름 :

날짜 :

시간 : : ~ :

앞과 옆에서 본 모양 알아보기

★ 쌓기나무로 쌓은 모양과 위에서 본 모양입니다. 앞과 옆에서 본 모양을 찾아 ( ) 안에 각각 '앞', '옆'을 써넣으세요.

1

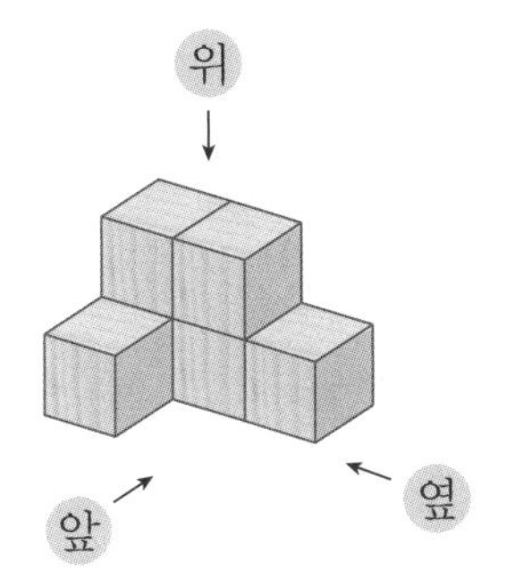

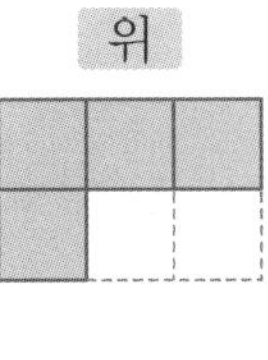

( ) ( )

2

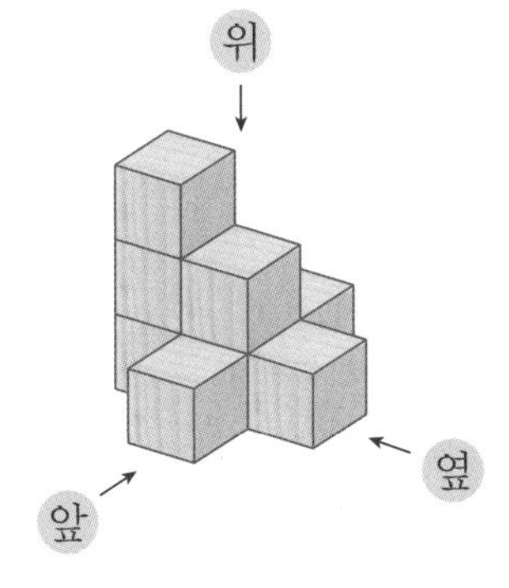

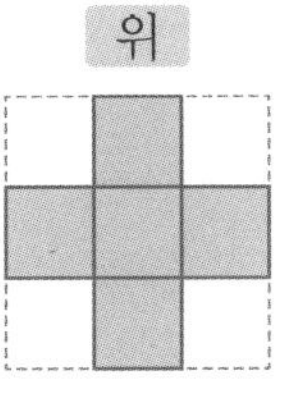

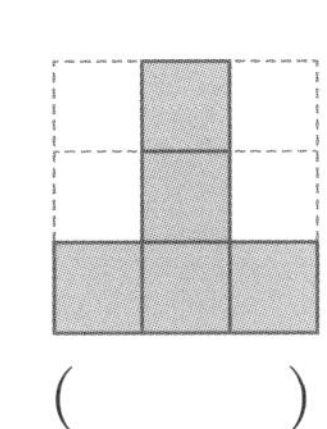

( ) ( )

3

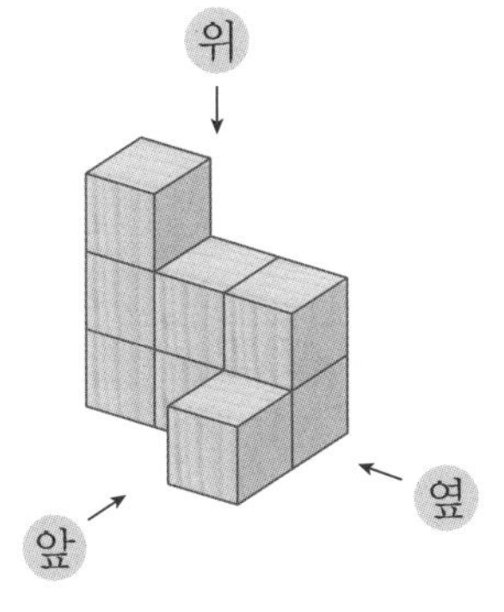

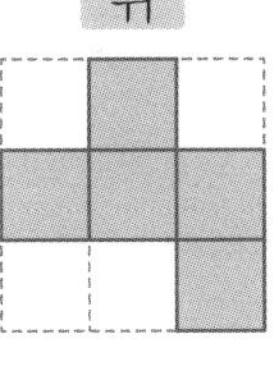

( ) ( )

★ 쌓기나무로 쌓은 모양과 위에서 본 모양입니다. 앞과 옆에서 본 모양을 각각 그려 보세요.

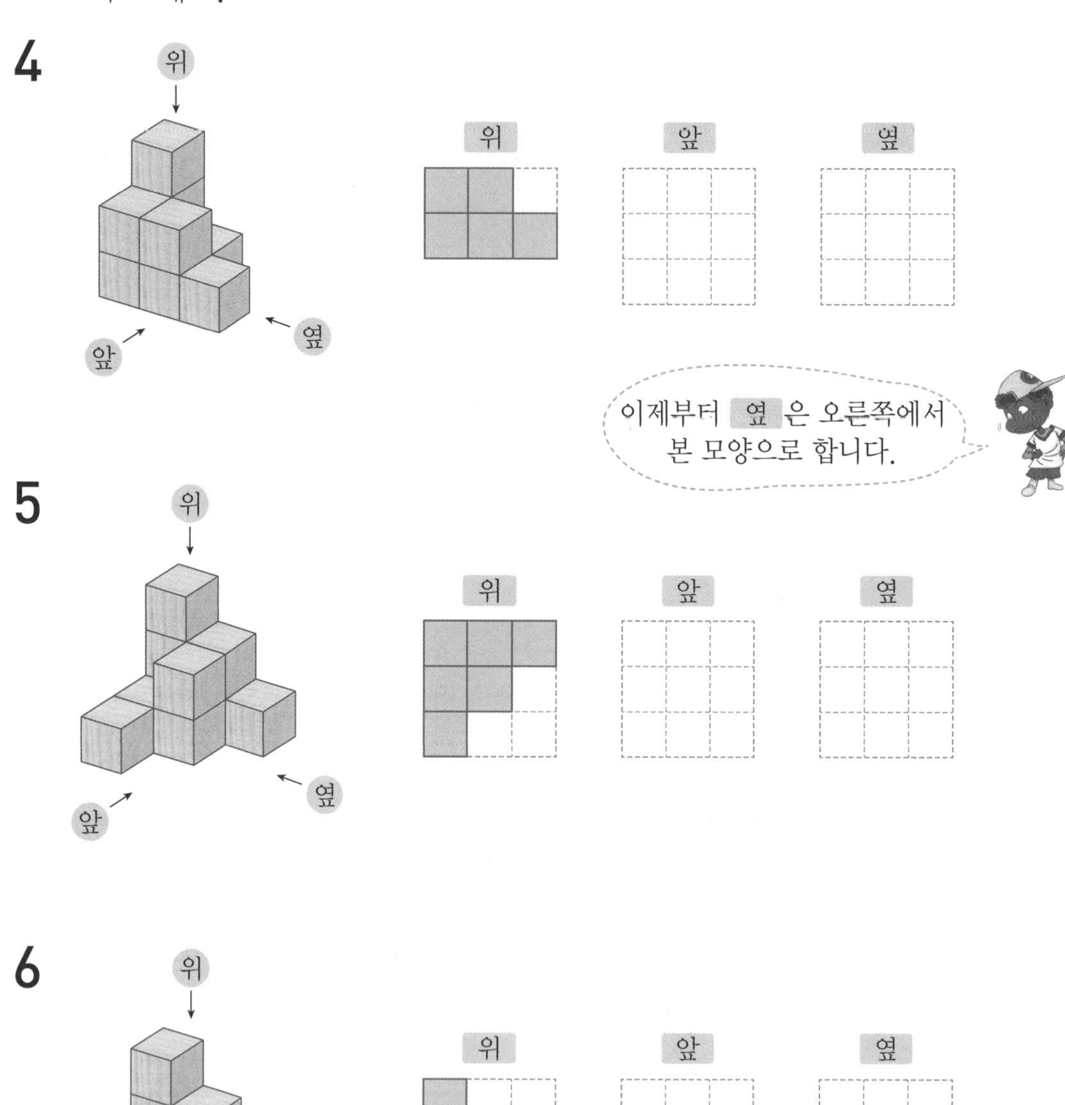

쌓은 모양과 쌓기나무의 개수 알아보기(2)

이름 :
날짜 :
시간 : : ~ :

위, 앞, 옆에서 본 모양을 보고 쌓은 모양 찾기

★ 쌓기나무로 쌓은 모양을 위, 앞, 옆에서 본 모양입니다. 어떤 모양을 본 것인지 기호를 써 보세요.

1

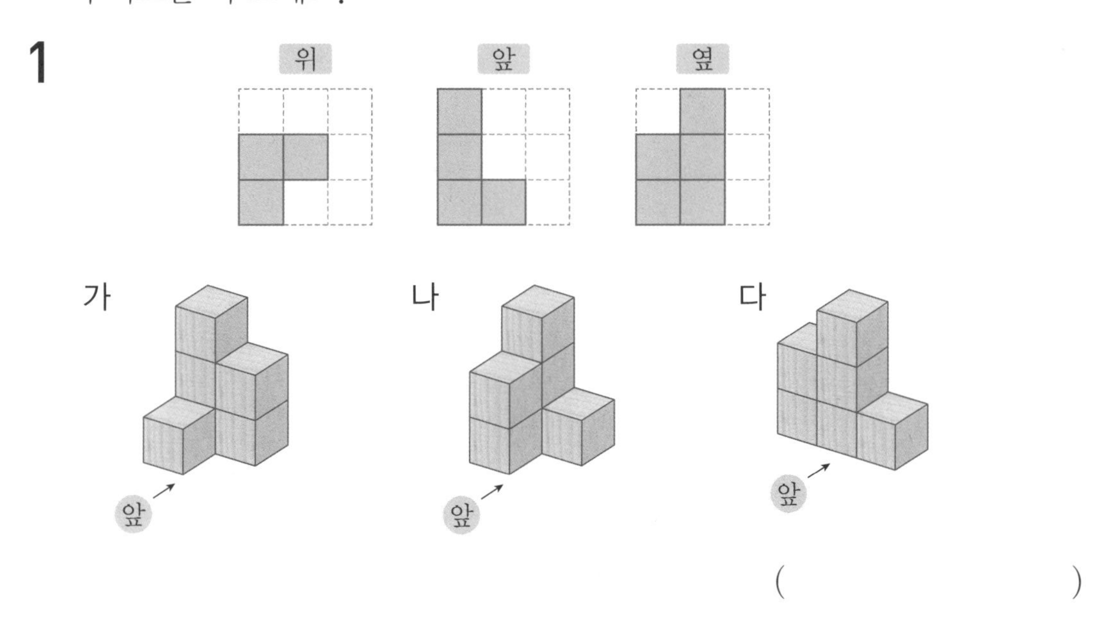

( )

2

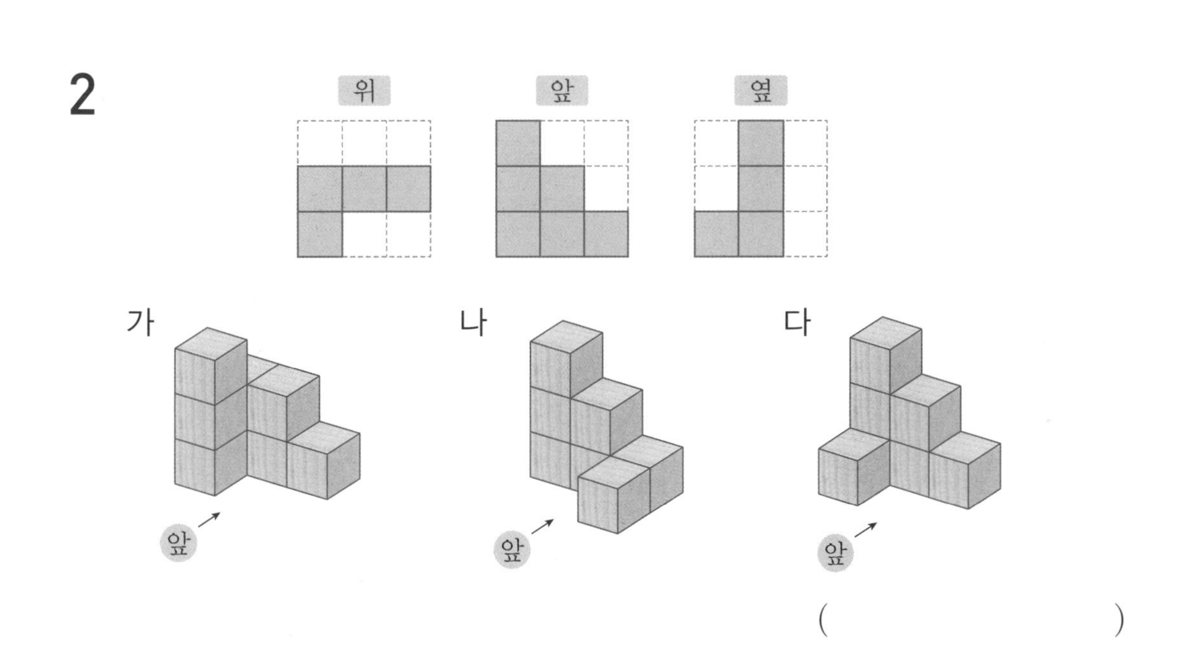

( )

★ 쌓기나무로 쌓은 모양을 위, 앞, 옆에서 본 모양입니다. 어떤 모양을 본 것인지 기호를 써 보세요.

3

위

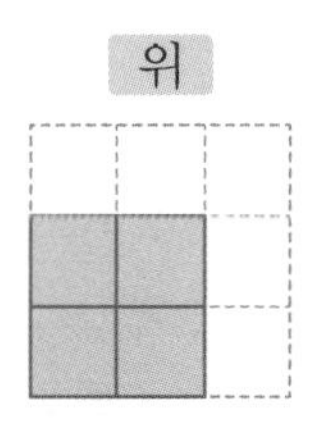

앞

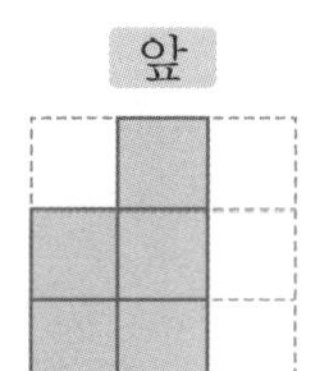

옆

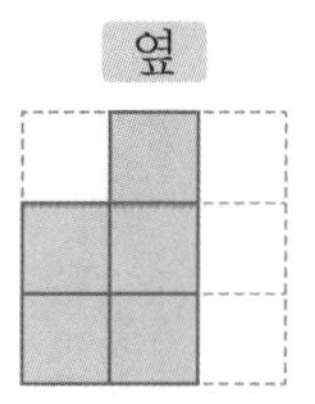

가

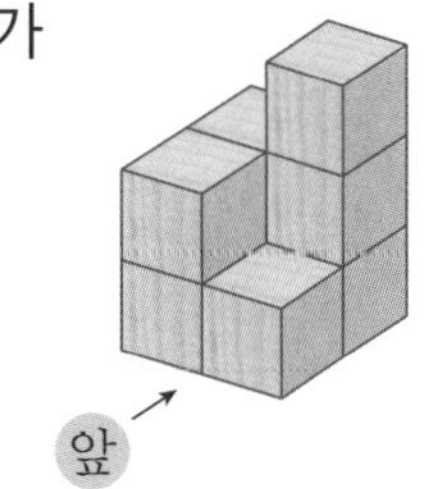

나

앞

다

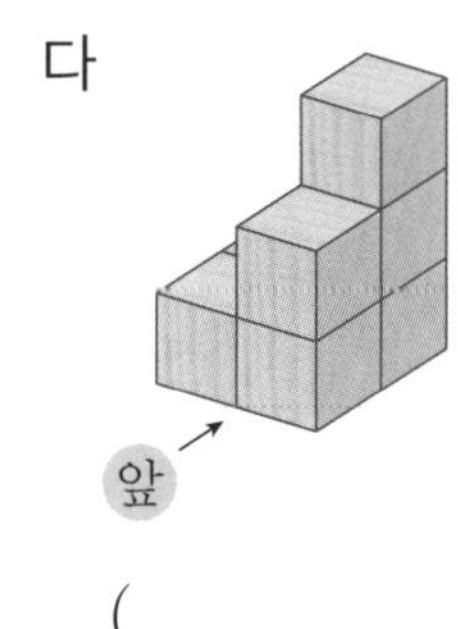

(　　　　　　　　　　)

4

위

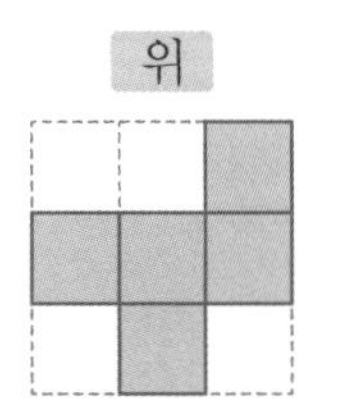

앞

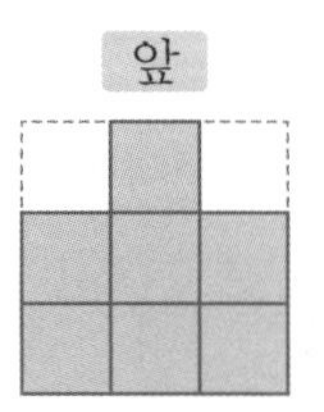

옆

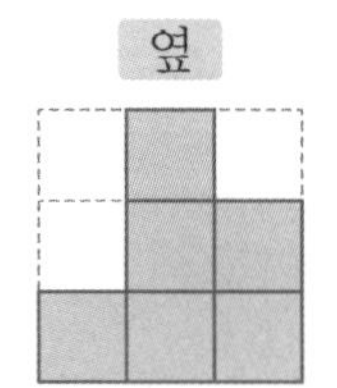

가

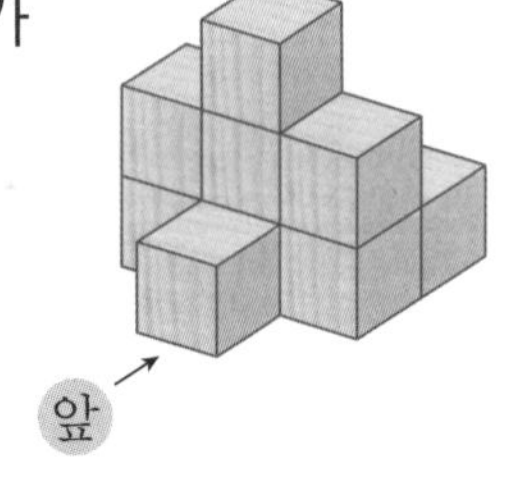

나

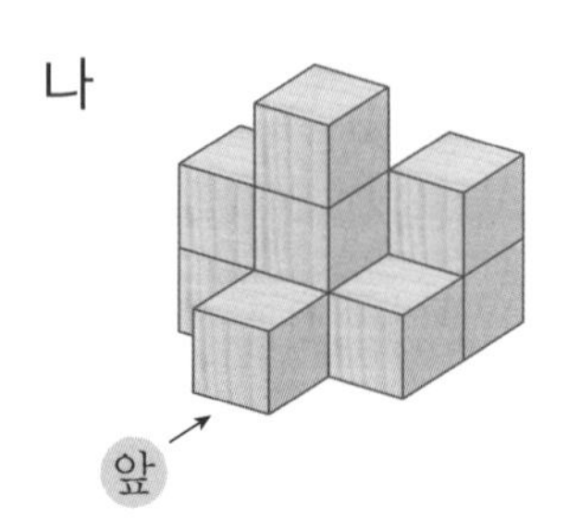

다

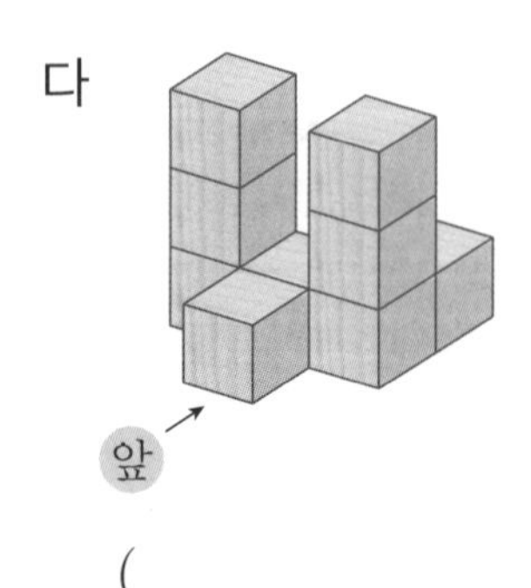

(　　　　　　　　　　)

쌓은 모양과 쌓기나무의 개수 알아보기(2)

이름 :
날짜 :
시간 : : ~ :

위, 앞, 옆에서 본 모양을 보고 쌓기나무의 개수 구하기 ①

★ 쌓기나무로 쌓은 모양을 위, 앞, 옆에서 본 모양입니다. 똑같은 모양으로 쌓는 데 필요한 쌓기나무의 개수를 구해 보세요.

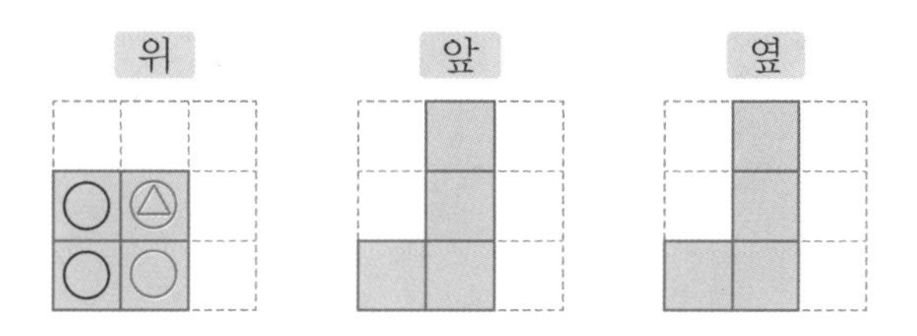

1 위에서 본 모양을 보면 1층의 쌓기나무는 ☐개입니다.

2 앞에서 본 모양을 보면 ○ 부분은 쌓기나무가 각각 ☐개이고, ○ 부분은 ☐개 이하입니다.

3 옆에서 본 모양을 보면 ○ 부분 중 △ 부분은 쌓기나무가 ☐개이고 나머지는 ☐개입니다.

4 빈칸에 알맞은 수를 써넣으세요.

층	1층	2층	3층	합계
쌓기나무의 수(개)				

5 똑같은 모양으로 쌓는 데 필요한 쌓기나무는 몇 개인가요?

( )개

★ 쌓기나무로 쌓은 모양을 위, 앞, 옆에서 본 모양입니다. 똑같은 모양으로 쌓는 데 필요한 쌓기나무의 개수를 구해 보세요.

6

위 앞 옆

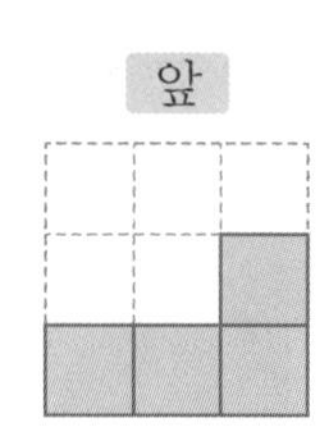
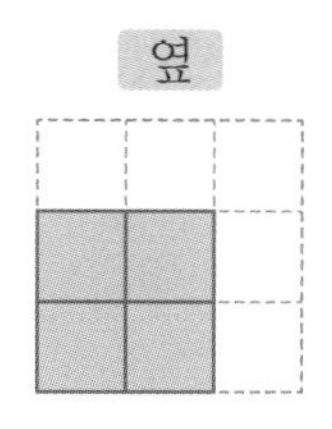

(　　　　　　　　)개

7

위 앞 옆

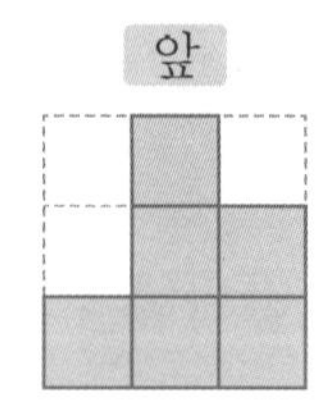
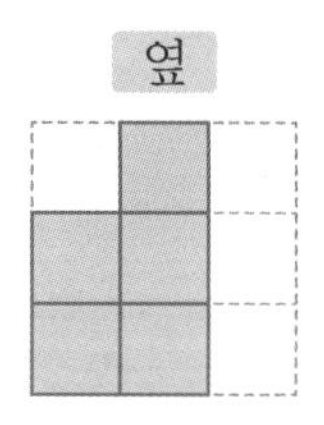

(　　　　　　　　)개

8

위 앞 옆

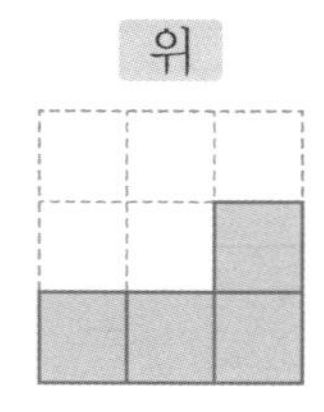
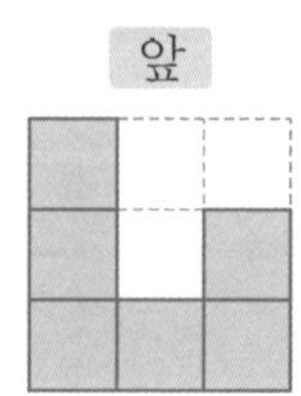
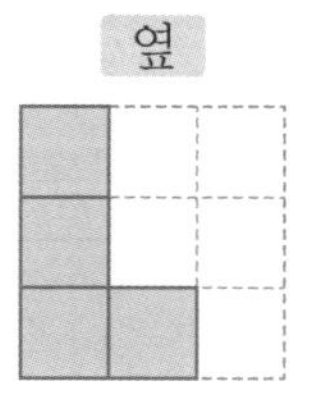

(　　　　　　　　)개

쌓은 모양과 쌓기나무의 개수 알아보기(2)

이름 :
날짜 :
시간 : : ~ :

위, 앞, 옆에서 본 모양을 보고 쌓기나무의 개수 구하기 ②

★ 쌓기나무로 쌓은 모양을 위, 앞, 옆에서 본 모양입니다. 똑같은 모양으로 쌓는 데 필요한 쌓기나무의 개수를 구해 보세요.

1 위 앞 옆

( )개

2 위 앞 옆

( )개

3 위 앞 옆

( )개

★ 쌓기나무로 쌓은 모양을 위, 앞, 옆에서 본 모양입니다. 똑같은 모양으로 쌓는 데 필요한 쌓기나무의 개수를 구해 보세요.

4 위 앞 옆

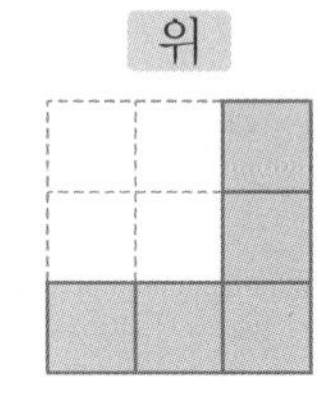

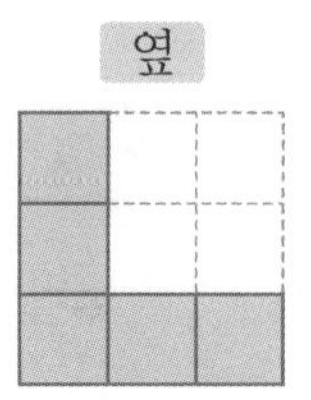

( )개

5 위 앞 옆

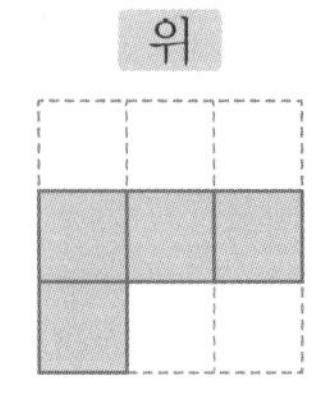

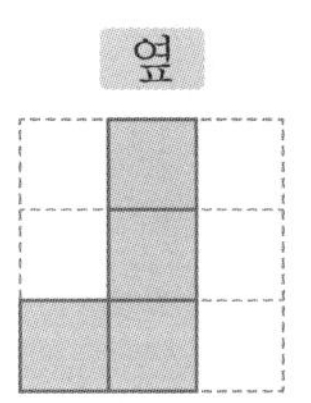

( )개

6 위 앞 옆

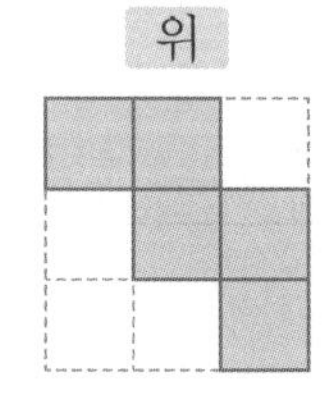

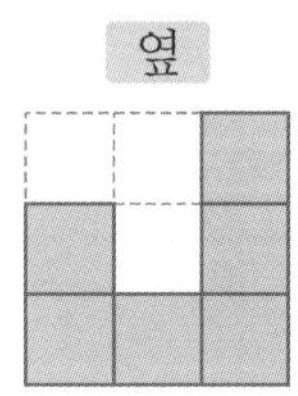

( )개

쌓은 모양과 쌓기나무의 개수 알아보기(2)

위, 앞에서 본 모양과 개수를 알고 옆에서 본 모양 그리기

★ 쌓기나무 7개로 쌓은 모양을 위와 앞에서 본 모양입니다. 옆에서 본 모양을 그려 보세요.

1 위 앞 옆

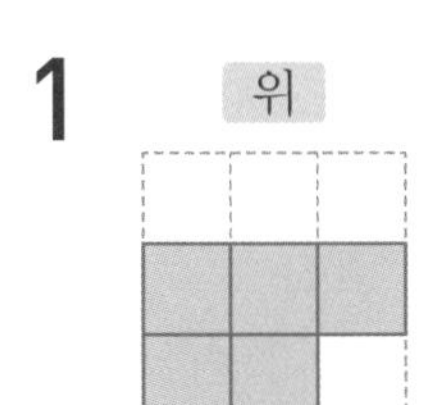
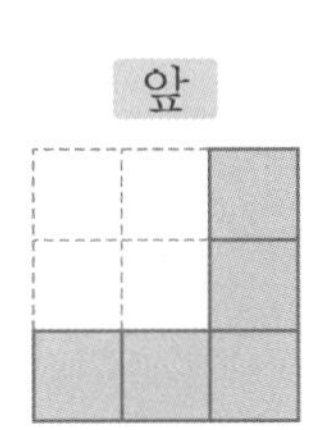
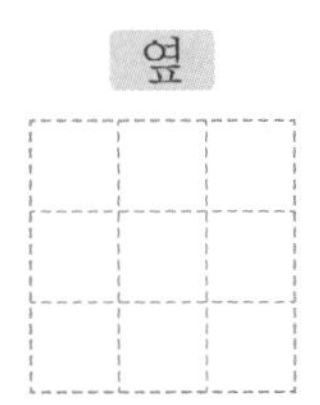

2 위 앞 옆

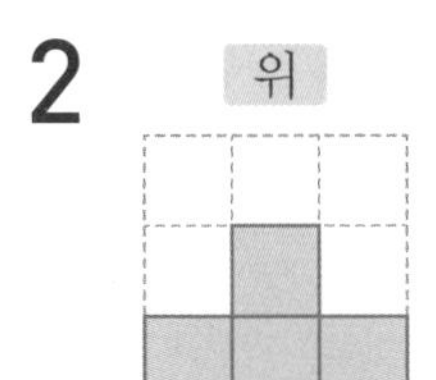
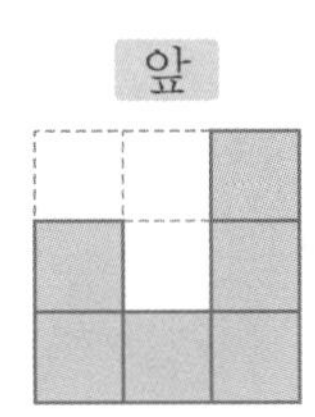

3 위 앞 옆

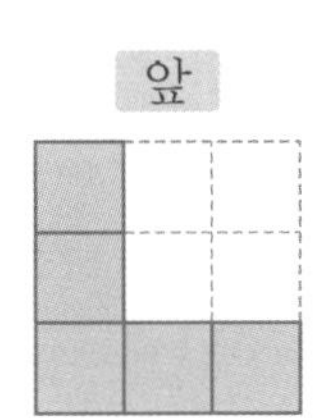

4 위 앞 옆

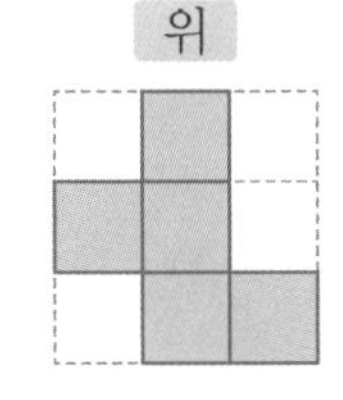
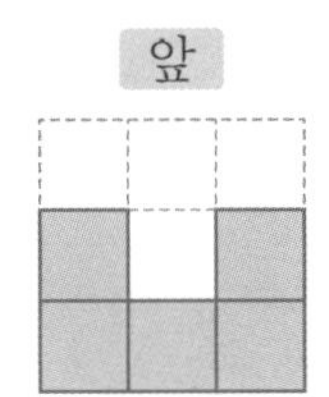

★ 쌓기나무 8개로 쌓은 모양을 위와 앞에서 본 모양입니다. 옆에서 본 모양을 그려 보세요.

5

위

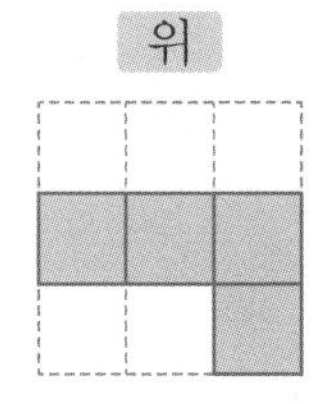

앞

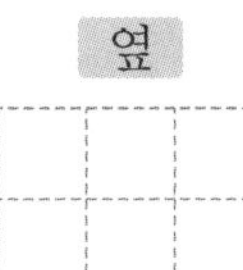

옆

6

위

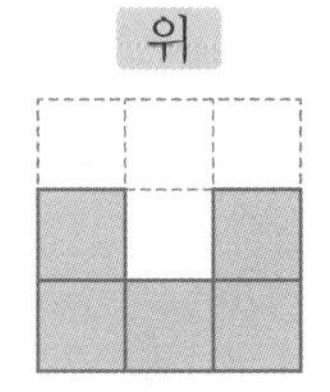

앞

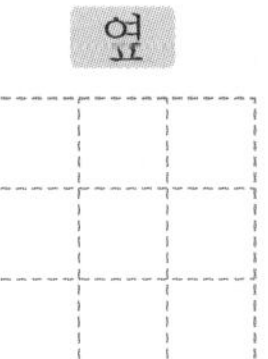

옆

7

위

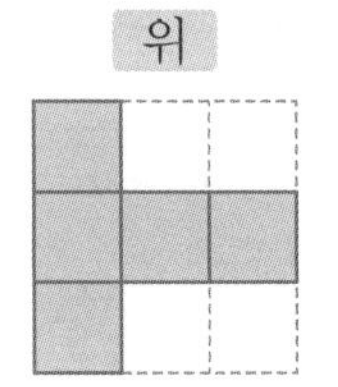

앞

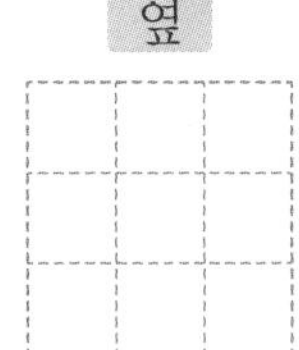

옆

8

위

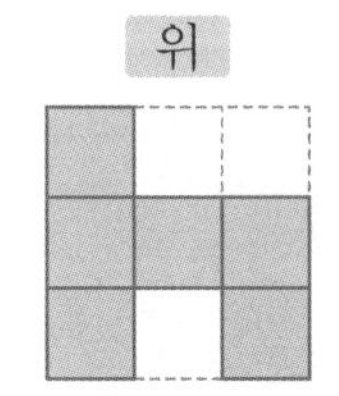

앞

옆

쌓은 모양과 쌓기나무의 개수 알아보기(2)

이름 :
날짜 :
시간 : : ~ :

위, 앞, 옆에서 본 모양을 보고 가능한 모양 찾기

★ 쌓기나무 8개로 쌓은 모양을 위, 앞, 옆에서 본 모양입니다. 쌓은 모양으로 가능한 모양을 모두 찾아 기호를 써 보세요.

1

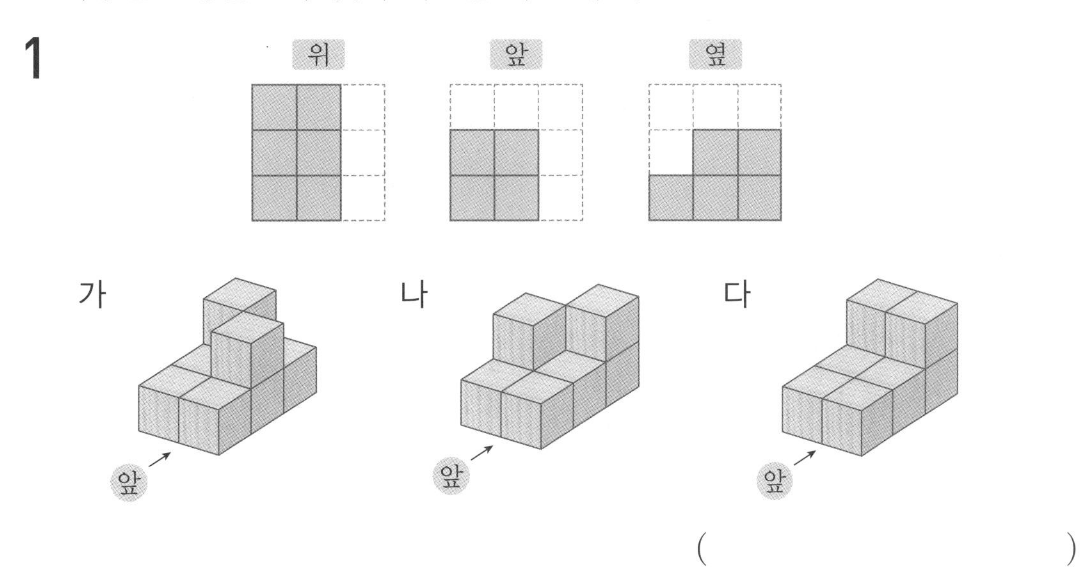

( )

2

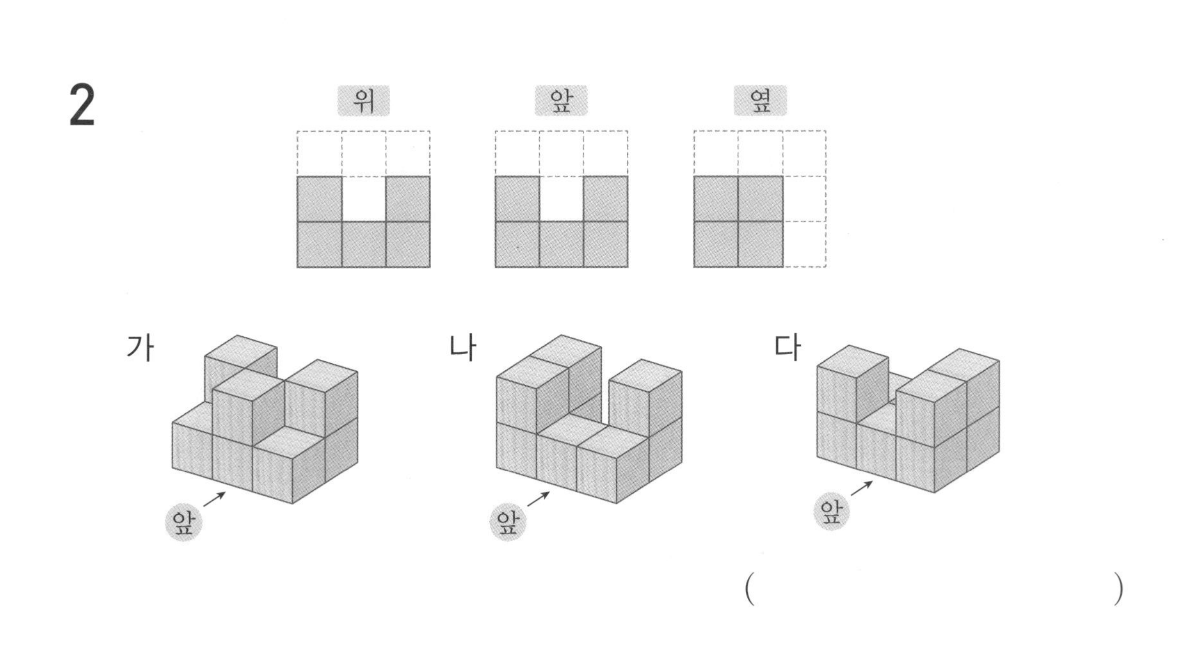

( )

★ 쌓기나무 8개로 쌓은 모양을 위, 앞, 옆에서 본 모양입니다. 쌓은 모양으로 가능한 모양을 모두 찾아 기호를 써 보세요.

3

위

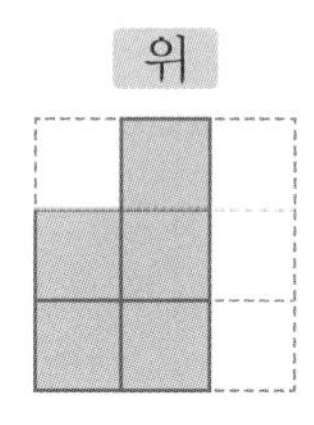

앞

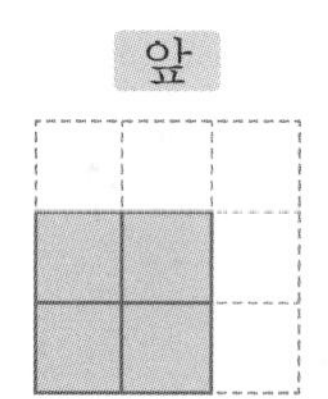

옆

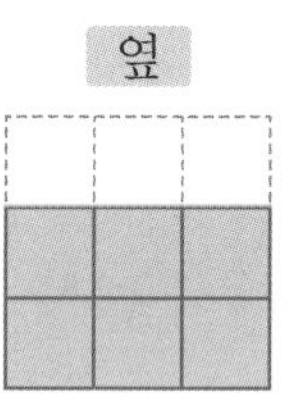

가

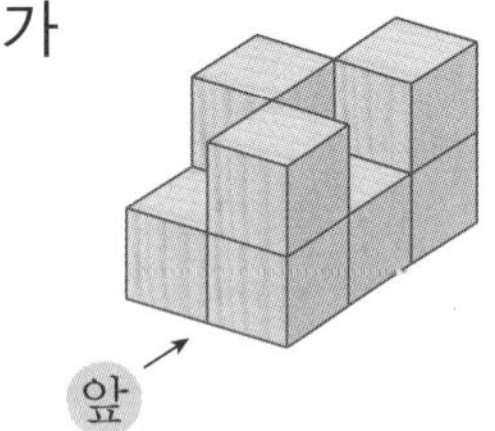

나

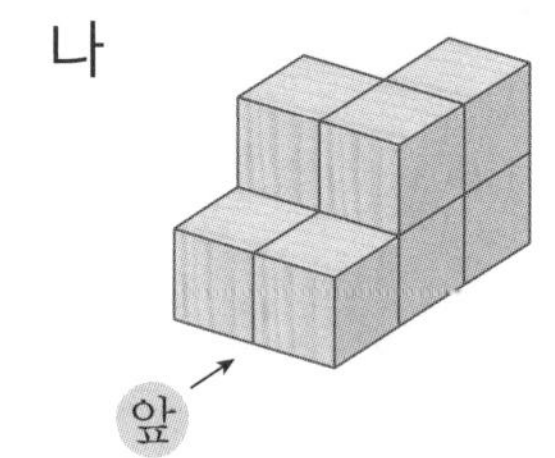

다

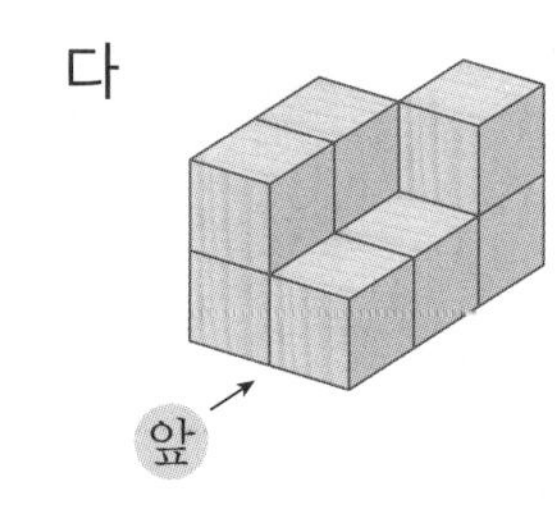

( )

4

위

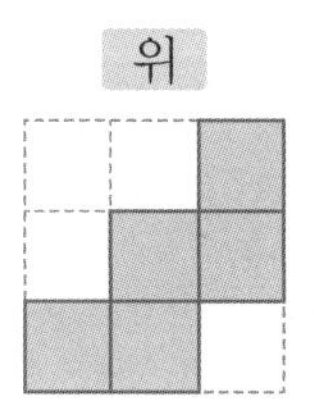

앞

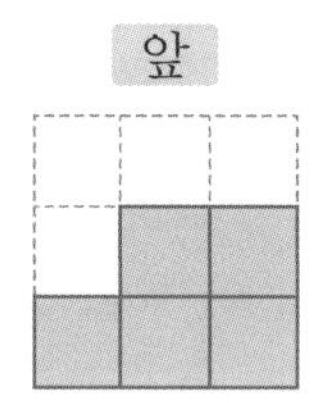

옆

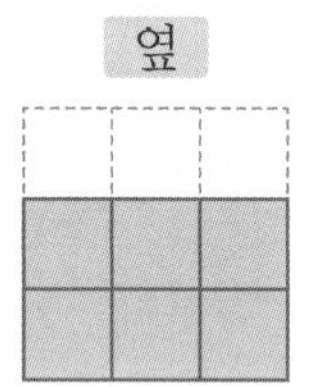

가

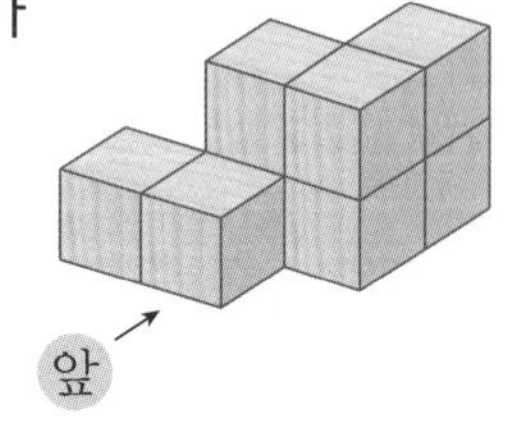

나

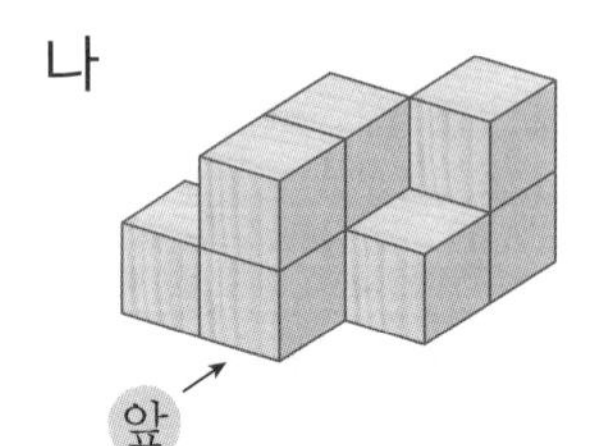

다

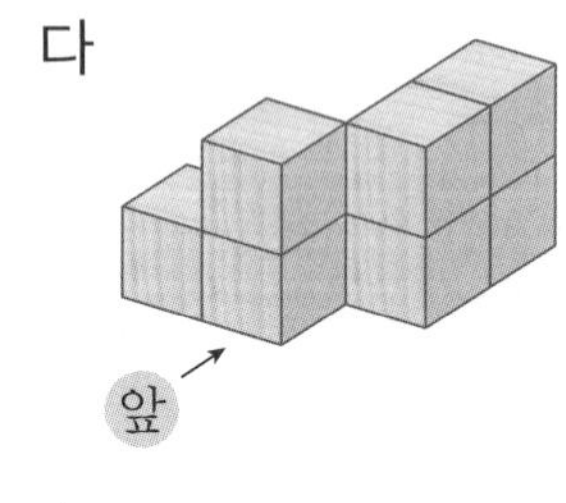

( )

쌓은 모양과 쌓기나무의 개수 알아보기(2)

이름 :
날짜 :
시간 : : ~ :

필요한 쌓기나무의 개수 구하기

★ 쌓기나무로 쌓은 모양을 위, 앞, 옆에서 본 모양입니다. 물음에 답하세요.

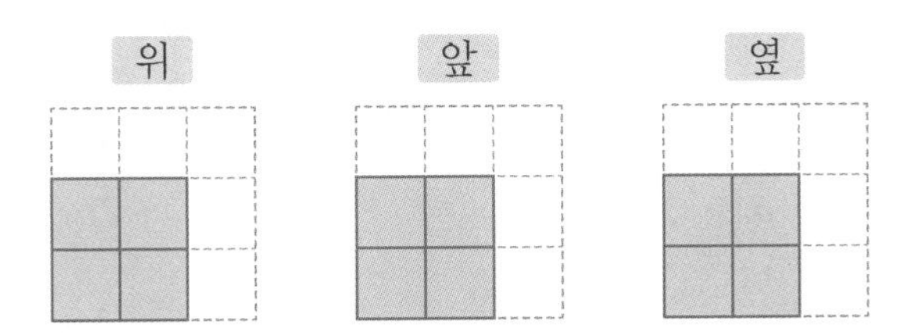

1 쌓은 모양으로 가능한 모양을 모두 찾아 기호를 써 보세요.

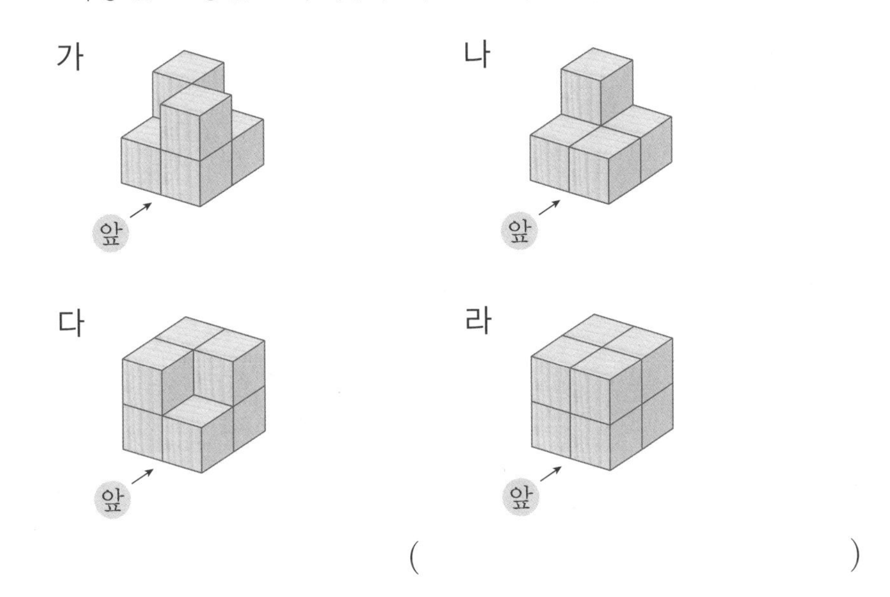

( )

2 똑같은 모양으로 쌓는 데 필요한 쌓기나무가 가장 적은 경우와 가장 많은 경우는 각각 몇 개인지 차례로 구해 보세요.

( )개, ( )개

위, 앞, 옆에서 본 모양만으로는 위에서와 같이 정확하게 쌓은 모양을 알 수 없는 경우도 있습니다.

★ 쌓기나무로 쌓은 모양을 위, 앞, 옆에서 본 모양입니다. 똑같은 모양으로 쌓는 데 필요한 쌓기나무가 적은 경우와 많은 경우는 각각 몇 개인지 차례로 구해 보세요.

3

위

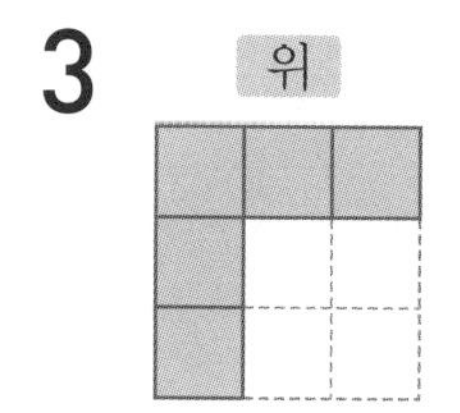

앞

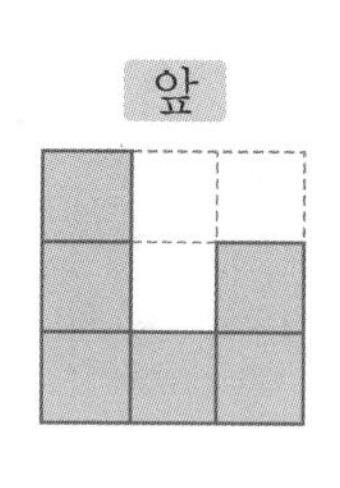

옆

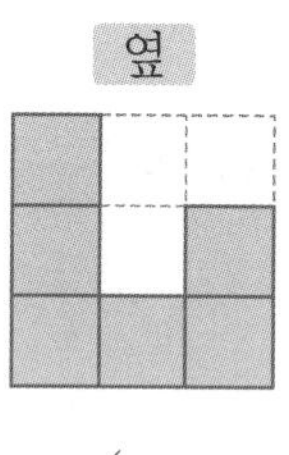

(　　　　　　)개, (　　　　　　)개

4

위

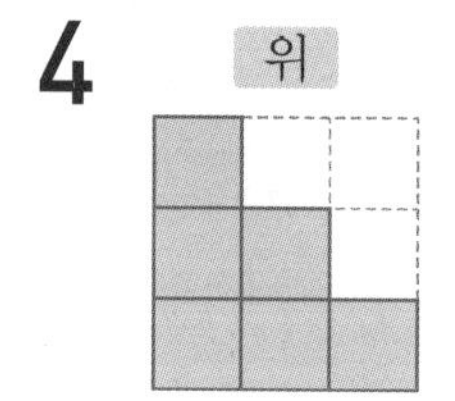

앞

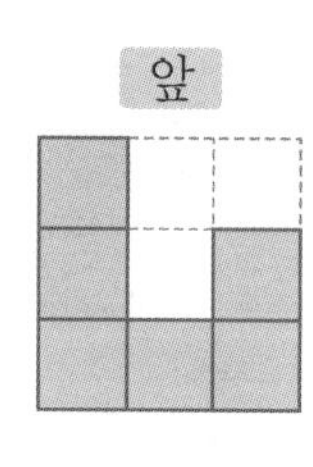

옆

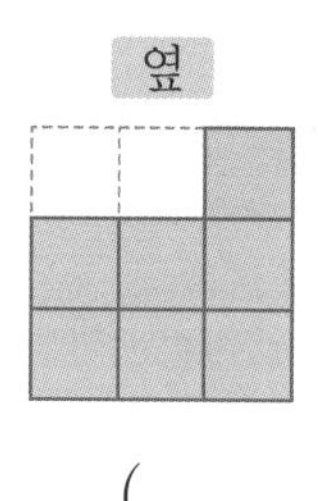

(　　　　　　)개, (　　　　　　)개

5

위

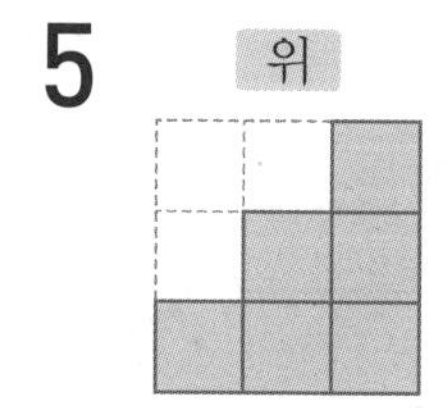

앞

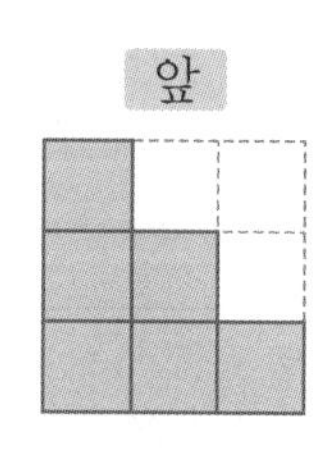

옆

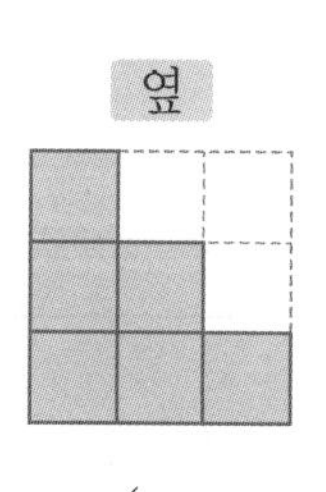

(　　　　　　)개, (　　　　　　)개

쌓은 모양과 쌓기나무의 개수 알아보기(2)

이름 :
날짜 :
시간 : : ~ :

각 모양을 넣을 수 있는 상자 찾기

★ 쌓기나무를 붙여서 만든 모양을 구멍이 있는 상자 ㉠, ㉡에 넣으려고 합니다. 각 모양을 넣을 수 있는 상자를 찾아 기호를 써 보세요.

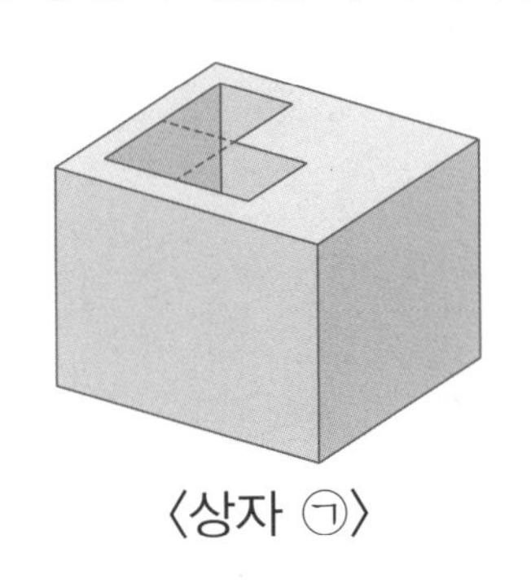

〈상자 ㉠〉

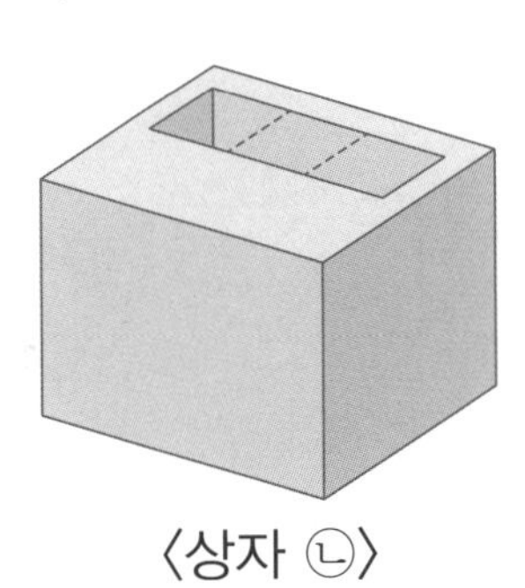

〈상자 ㉡〉

1

( )

2

( )

3

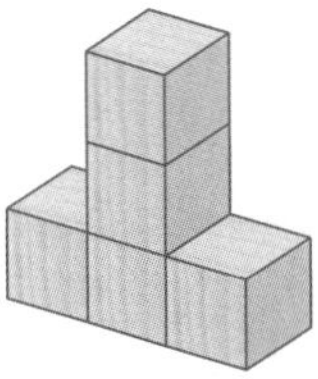

( )

4

( )

★ 쌓기나무를 붙여서 만든 모양을 구멍이 있는 상자 ㉠, ㉡에 넣으려고 합니다. 각 모양을 넣을 수 있는 상자를 모두 찾아 기호를 써 보세요.

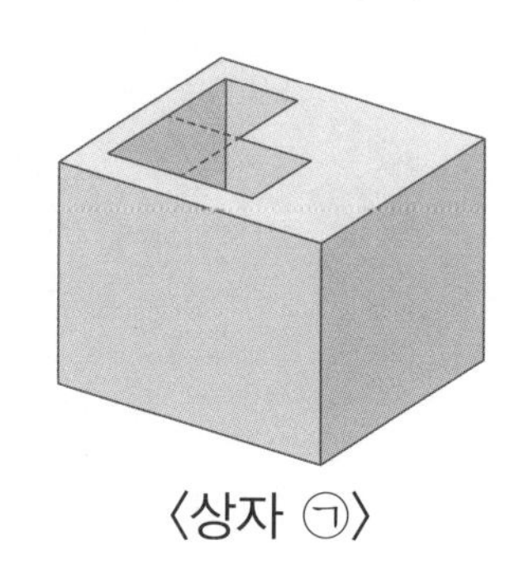

〈상자 ㉠〉

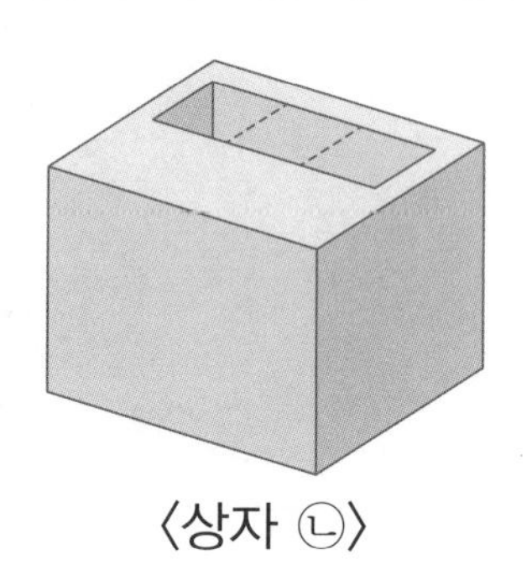

〈상자 ㉡〉

5

(   )

6

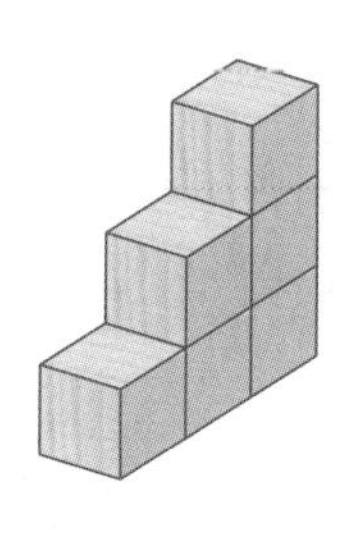

(   )

7

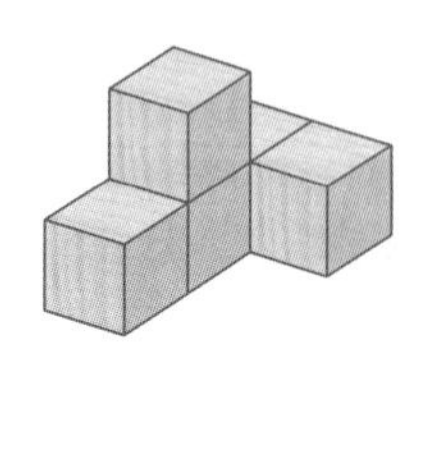

(   )

8

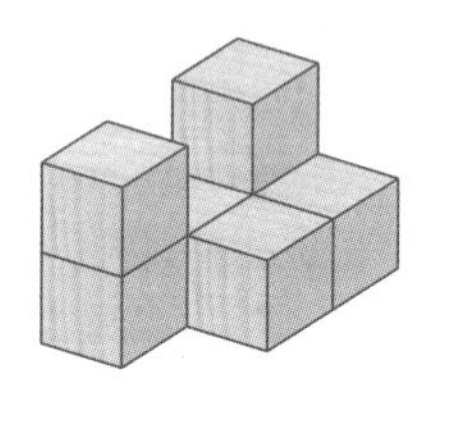

(   )

쌓은 모양과 쌓기나무의 개수 알아보기(3)

이름 :
날짜 :
시간 : : ~ :

위에서 본 모양에 수를 써넣고 쌓기나무의 개수 구하기

★ 쌓기나무로 쌓은 모양과 위에서 본 모양입니다. 위에서 본 모양의 각 자리에 쌓기나무가 몇 개 쌓여 있는지 수를 써넣고, 똑같은 모양으로 쌓는 데 필요한 쌓기나무의 개수를 구해 보세요.

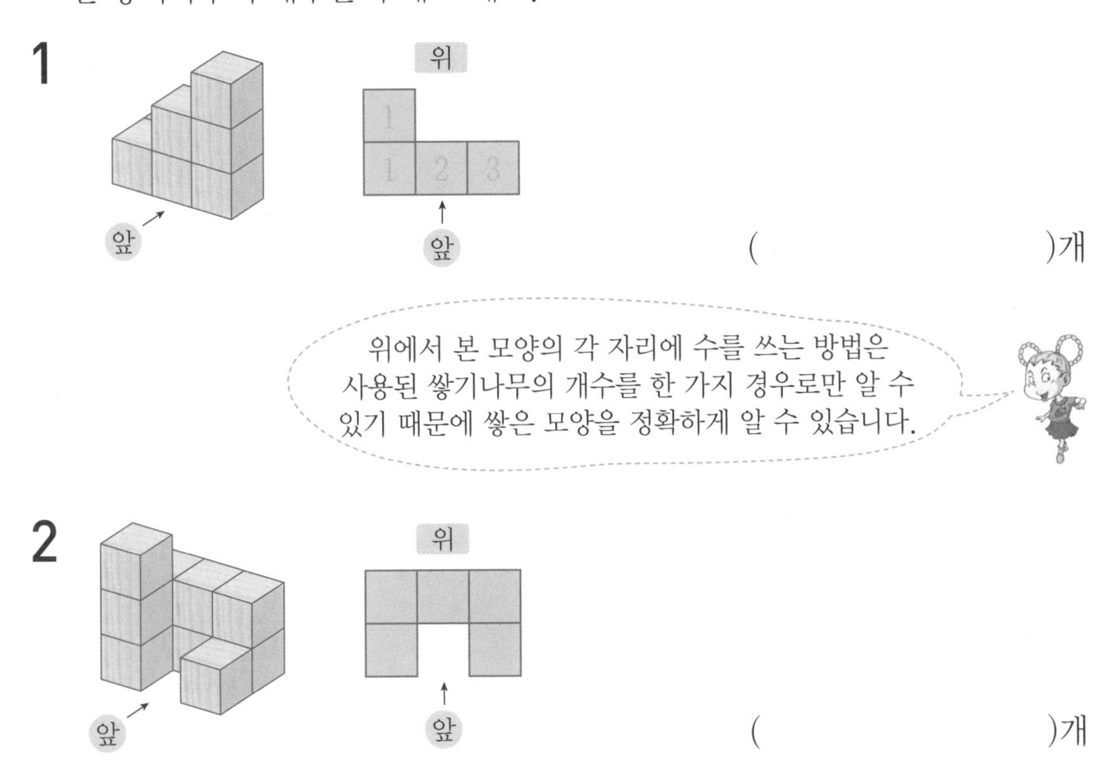

1 ( )개

위에서 본 모양의 각 자리에 수를 쓰는 방법은 사용된 쌓기나무의 개수를 한 가지 경우로만 알 수 있기 때문에 쌓은 모양을 정확하게 알 수 있습니다.

2 ( )개

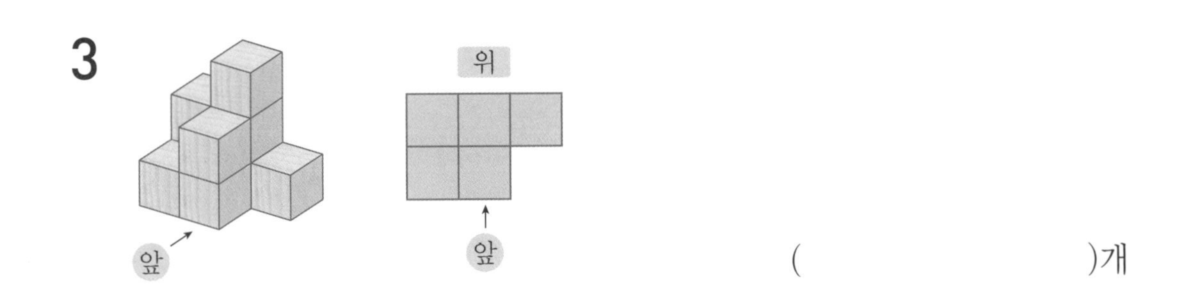

3 ( )개

★ 쌓기나무로 쌓은 모양과 위에서 본 모양입니다. 위에서 본 모양의 각 자리에 쌓기나무가 몇 개 쌓여 있는지 수를 써넣고, 똑같은 모양으로 쌓는 데 필요한 쌓기나무의 개수를 구해 보세요.

4

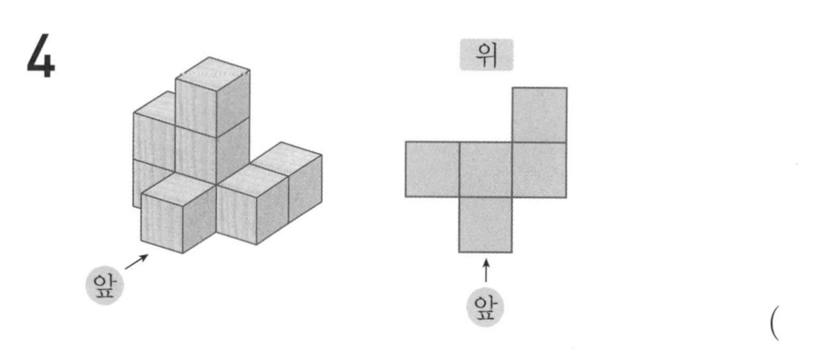

(　　　　　　　　)개

5

앞

위

앞

(　　　　　　　　)개

6

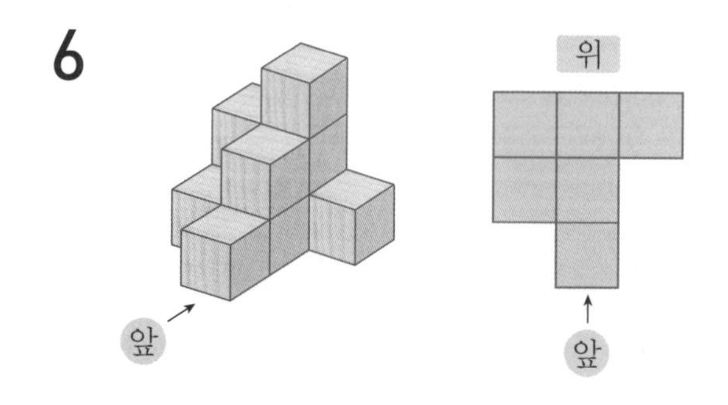

(　　　　　　　　)개

쌓은 모양과 쌓기나무의 개수 알아보기(3)

이름 :
날짜 :
시간 : : ~ :

쌓은 모양 찾기

★ 위에서 본 모양에 수를 쓴 것을 보고 쌓기나무로 쌓았습니다. 관계있는 것끼리 이어 보세요.

1 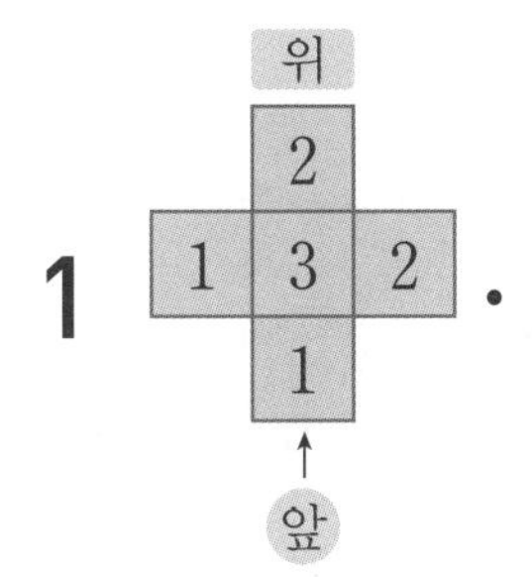

•

• ㉠ 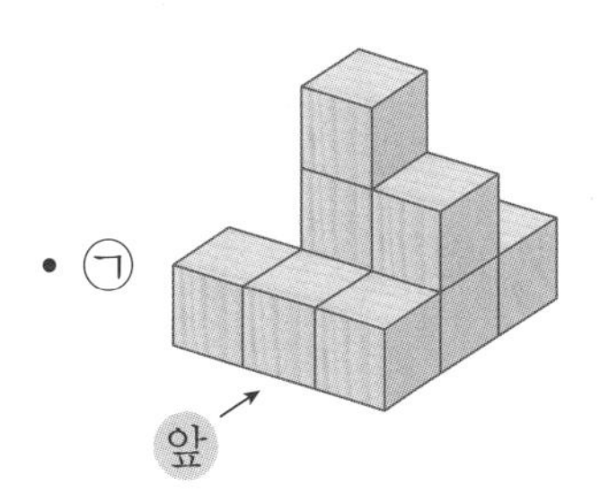

2 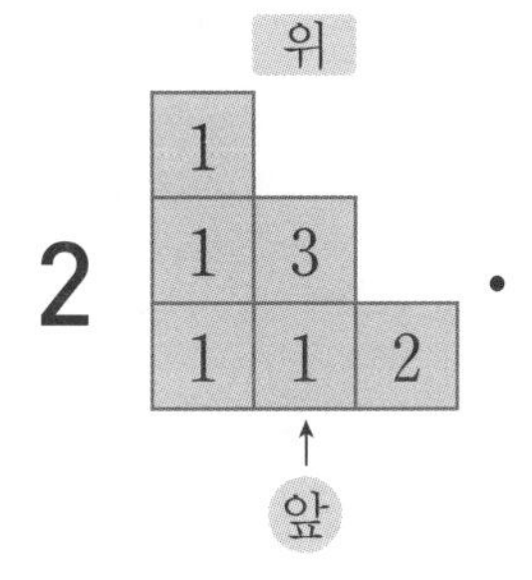

•

• ㉡ 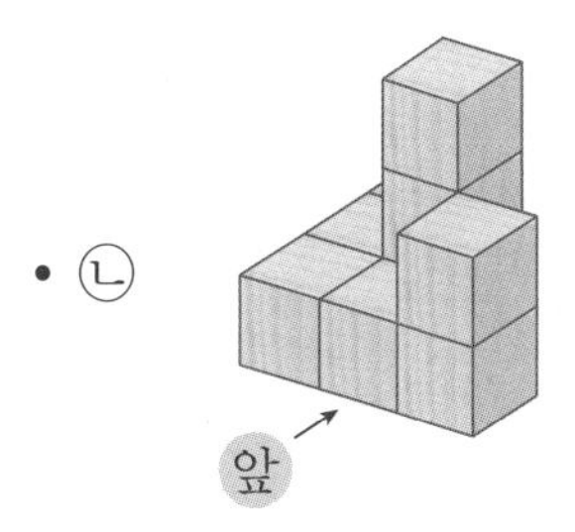

3 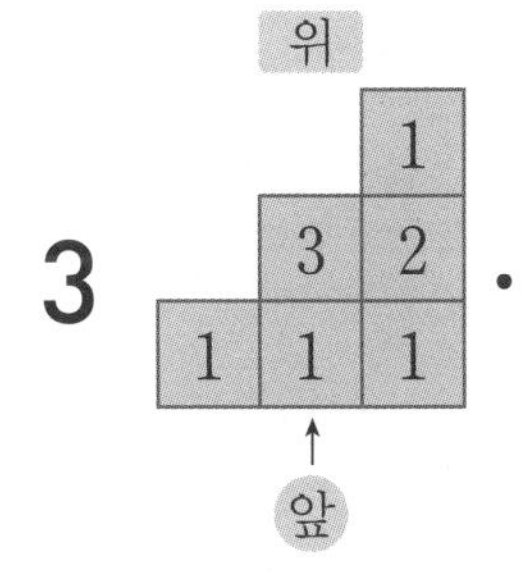

•

• ㉢ 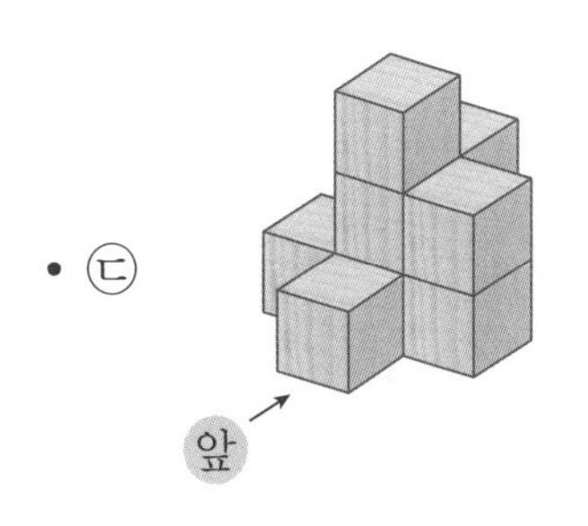

★ 위에서 본 모양에 수를 쓴 것을 보고 쌓기나무로 쌓았습니다. 관계있는 것끼리 이어 보세요.

4

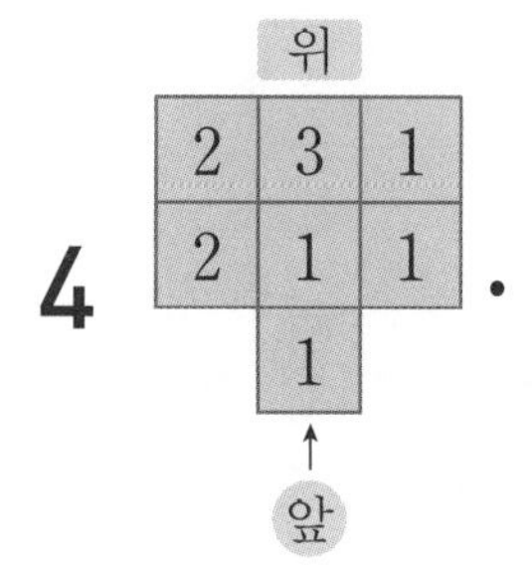

• ㉠

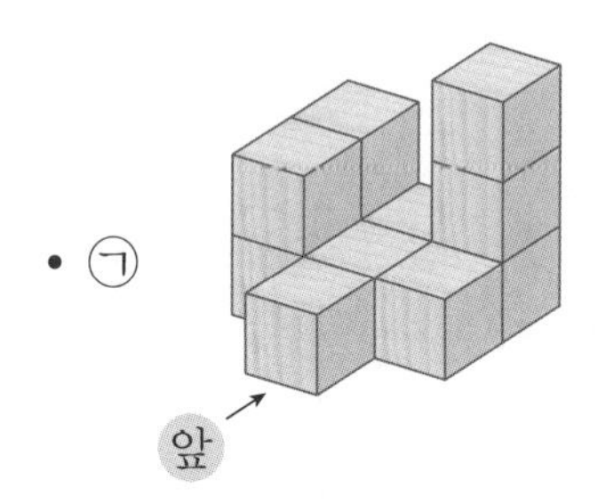

5

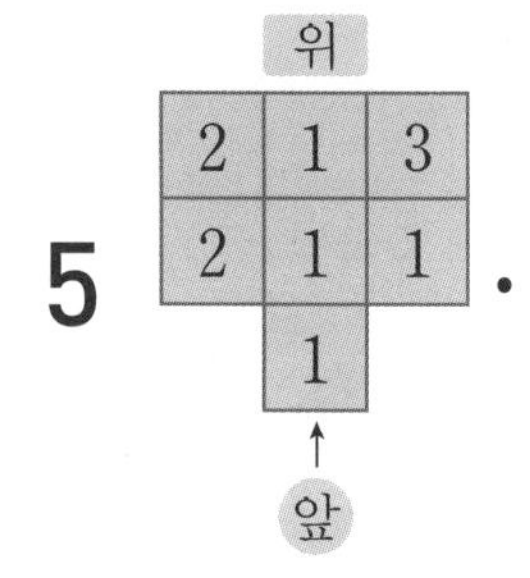

• ㉡

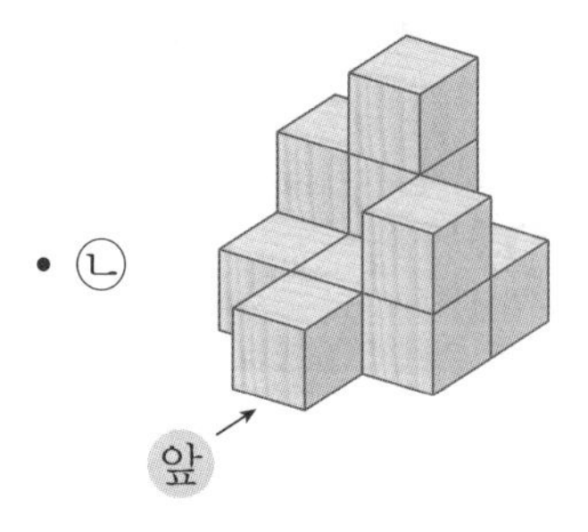

6

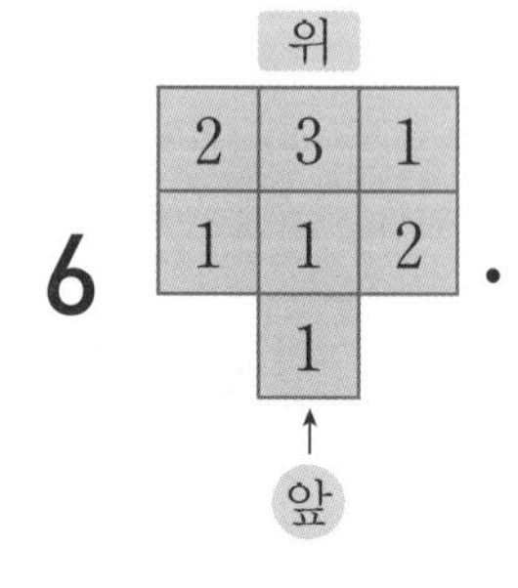

• ㉢

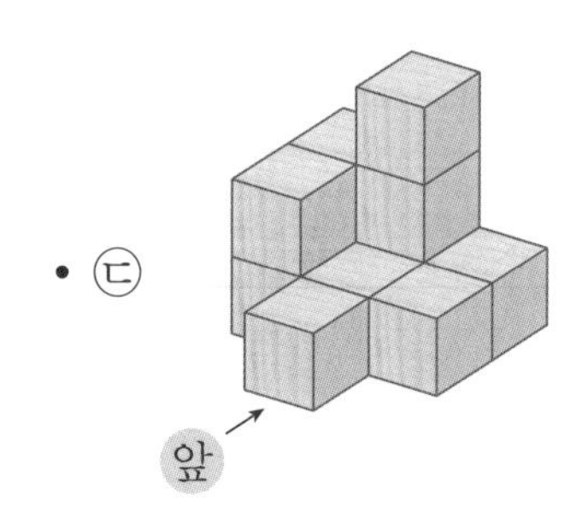

쌓은 모양과 쌓기나무의 개수 알아보기(3)

이름 :
날짜 :
시간 : : ~ :

앞과 옆에서 본 모양 알아보기

★ 쌓기나무로 쌓은 모양을 보고 위에서 본 모양에 수를 썼습니다. 앞과 옆에서 본 모양을 찾아 (　　) 안에 각각 '앞', '옆'을 써넣으세요.

1

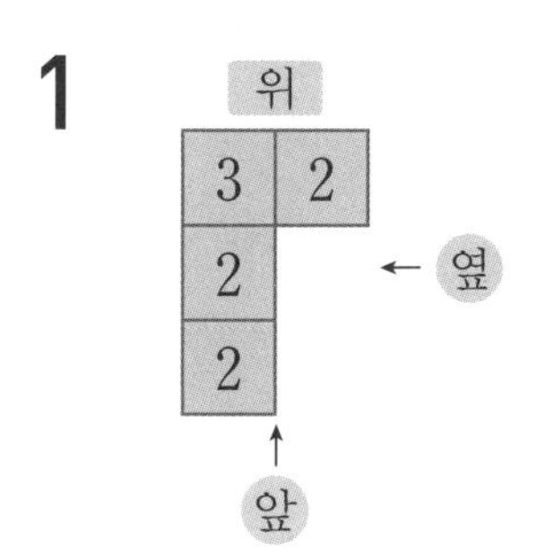

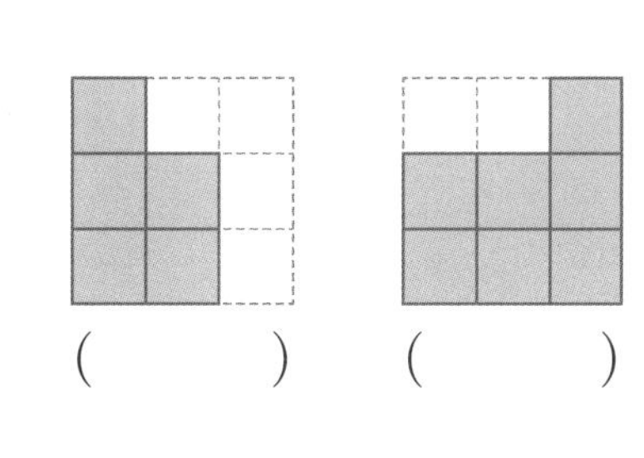

2

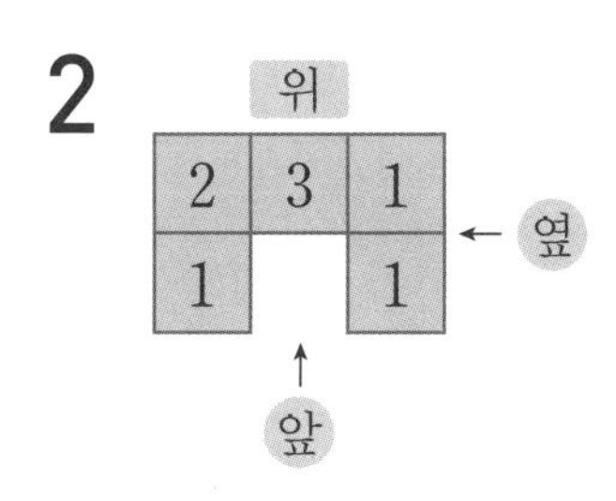

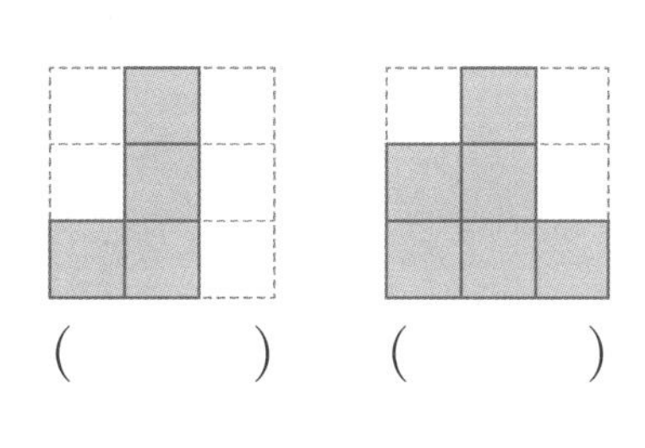

3

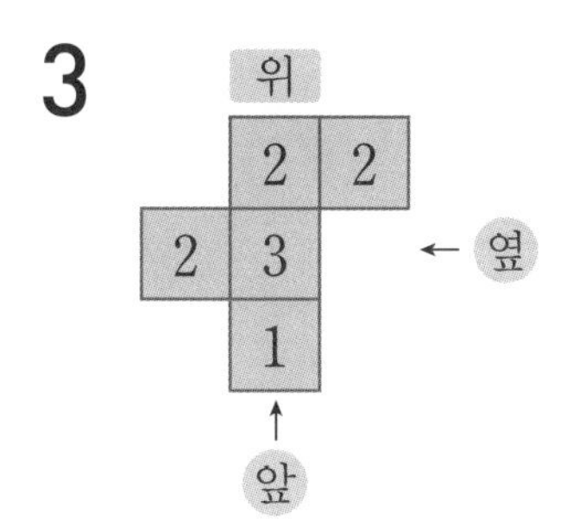

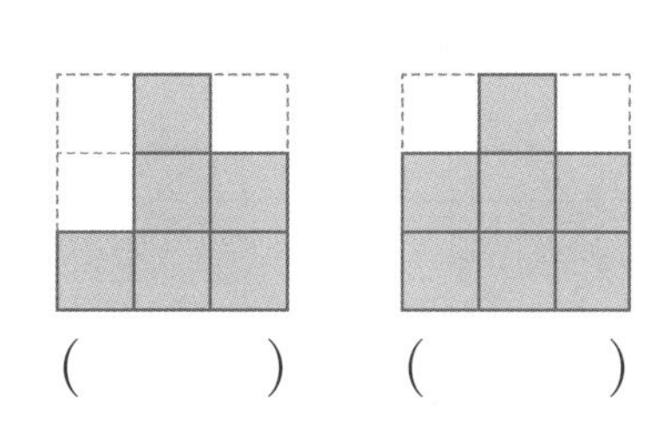

★ 쌓기나무로 쌓은 모양을 보고 위에서 본 모양에 수를 썼습니다. 앞과 옆에서 본 모양을 그려 보세요.

4

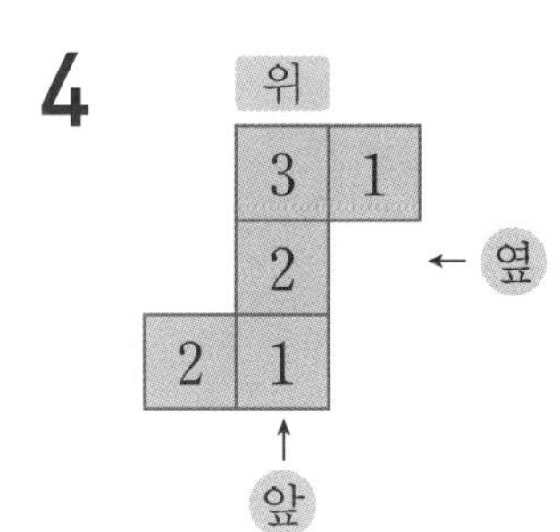

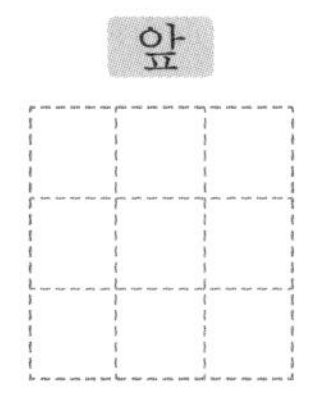

앞과 옆에서 본 모양은 각 방향에서 가장 높은 숫자의 층만큼 그립니다.

5

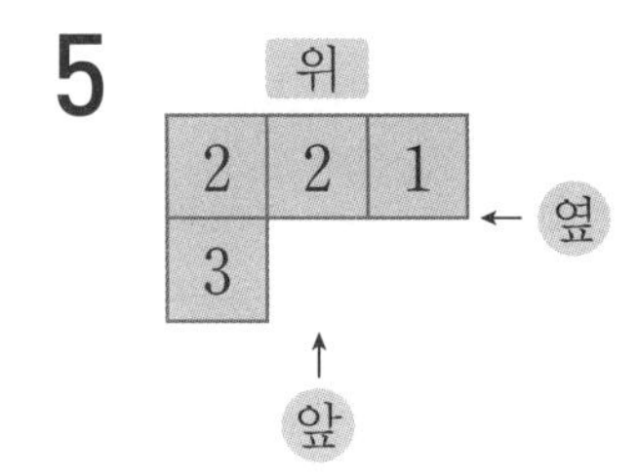

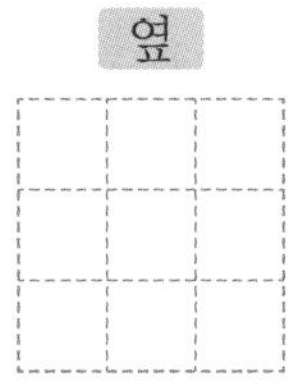

6

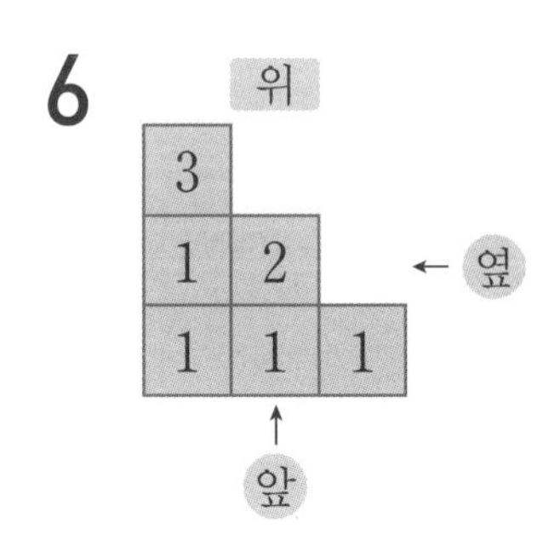

쌓은 모양과 쌓기나무의 개수 알아보기(3)

이름 :

날짜 :

시간 : : ~ :

위에서 본 모양에 수를 알맞게 써넣은 것 찾기

★ 쌓기나무로 쌓은 모양을 보고 위에서 본 모양에 수를 썼습니다. 관계있는 것끼리 이어 보세요.

1 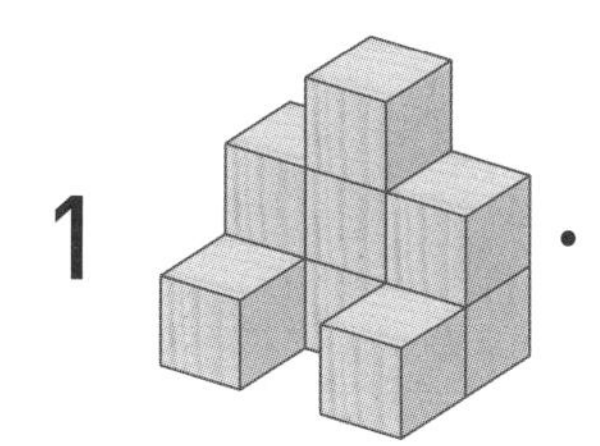 •

• ㉠

3	2
2	1
2	

2 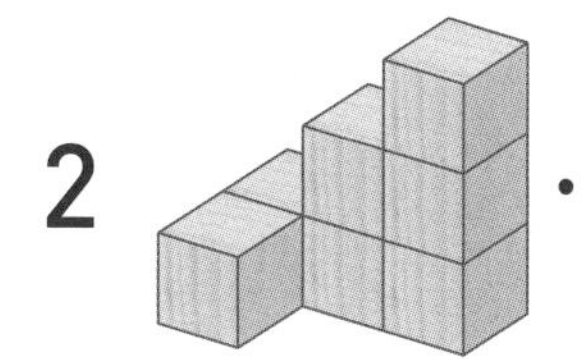 •

• ㉡

2	3	2
1		1

3 •

• ㉢

1	2	3
1		

4 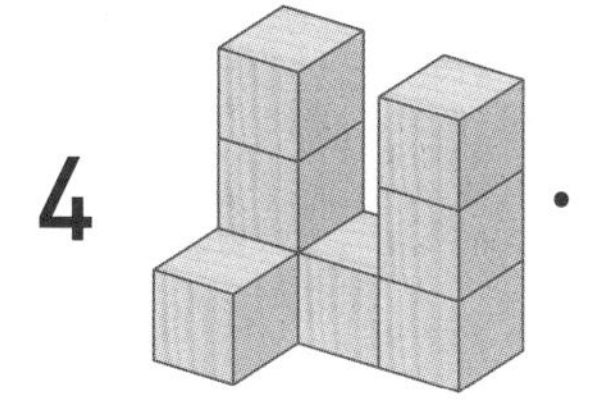 •

• ㉣

3	1	3
1		

★ 쌓기나무로 쌓은 모양을 보고 위에서 본 모양에 수를 썼습니다. 관계있는 것끼리 이어 보세요.

5 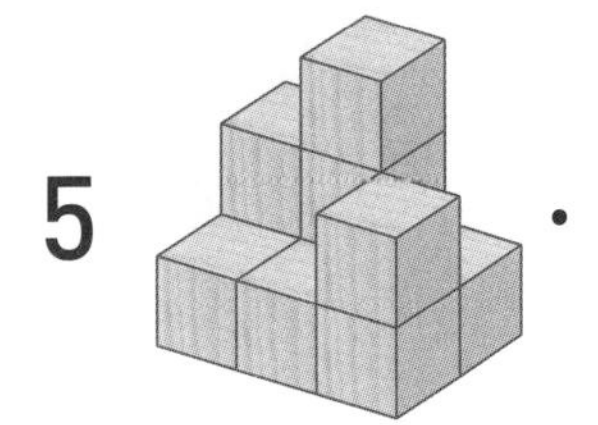 •

• ㉠

2	1	3
2	1	1

6 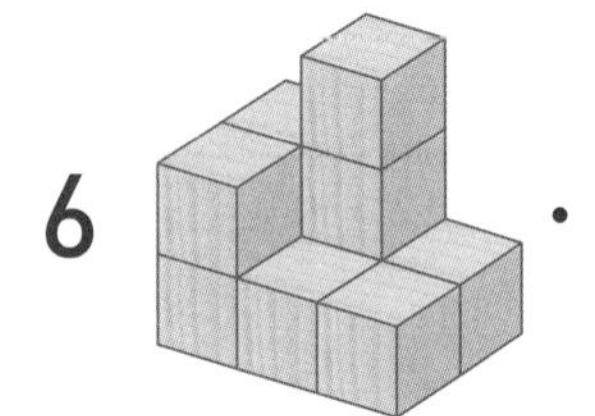 •

• ㉡

2	3	1
1	1	2

7 •

• ㉢

2	1	3
1	1	2

8  •

• ㉣

2	3	1
2	1	1

쌓은 모양과 쌓기나무의 개수 알아보기(3)

이름 :
날짜 :
시간 : : ~ :

위, 앞, 옆에서 본 모양을 보고 쌓기나무의 개수 구하기 ①

★ 쌓기나무로 쌓은 모양을 위, 앞, 옆에서 본 모양입니다. 똑같은 모양으로 쌓는 데 필요한 쌓기나무의 개수를 구해 보세요.

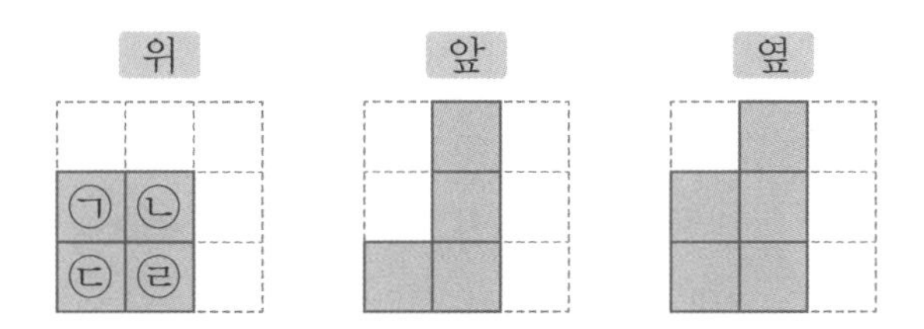

1 ㉠과 ㉢에 쌓인 쌓기나무는 각각 몇 개인가요?

( )개, ( )개

2 ㉡에 쌓인 쌓기나무는 몇 개인가요?

( )개

3 ㉣에 쌓인 쌓기나무는 몇 개인가요?

( )개

4 빈칸에 알맞은 수를 써넣으세요.

자리	㉠	㉡	㉢	㉣	합계
쌓기나무의 수(개)					

5 똑같은 모양으로 쌓는 데 필요한 쌓기나무는 몇 개인가요?

( )개

★ 쌓기나무로 쌓은 모양을 위, 앞, 옆에서 본 모양입니다. 똑같은 모양으로 쌓는 데 필요한 쌓기나무의 개수를 구해 보세요.

6

위 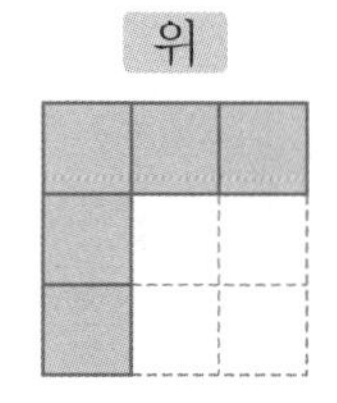 앞 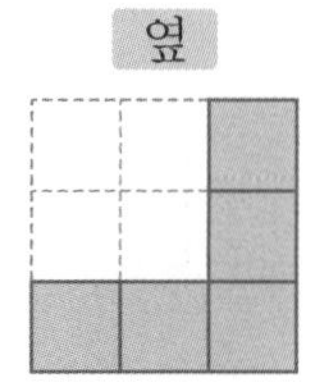 옆

( )개

7

위 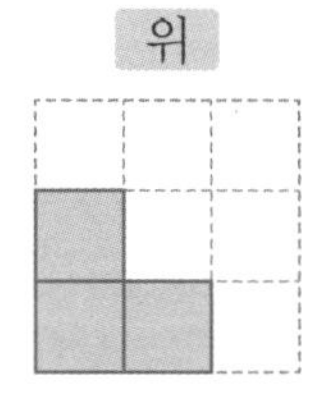 앞 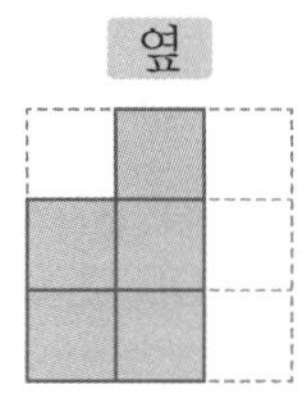 옆

( )개

8

위 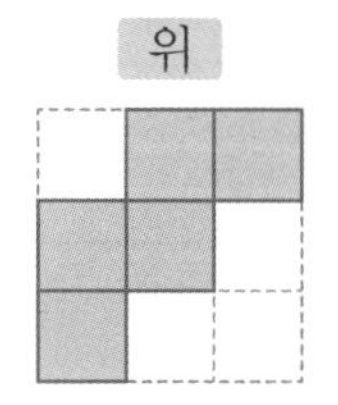 앞 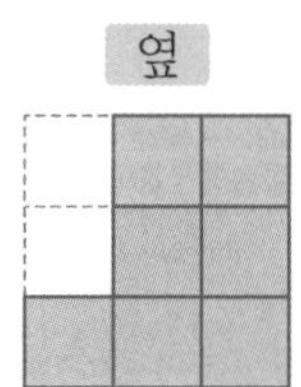 옆

( )개

쌓은 모양과 쌓기나무의 개수 알아보기(3)

이름 :

날짜 :

시간 : : ~ :

위, 앞, 옆에서 본 모양을 보고 쌓기나무의 개수 구하기 ②

★ 쌓기나무로 쌓은 모양을 위, 앞, 옆에서 본 모양입니다. 똑같은 모양으로 쌓는 데 필요한 쌓기나무의 개수를 구해 보세요.

1 위 앞 옆

( )개

2 위 앞 옆

( )개

3 위 앞 옆

( )개

★ 쌓기나무로 쌓은 모양을 위, 앞, 옆에서 본 모양입니다. 똑같은 모양으로 쌓는 데 필요한 쌓기나무의 개수를 구해 보세요.

4

위 앞 옆

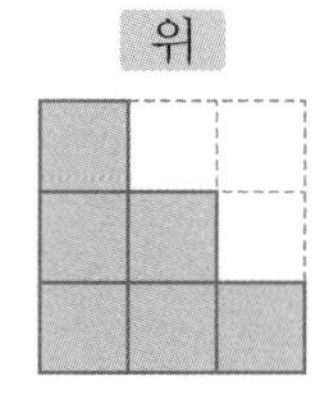

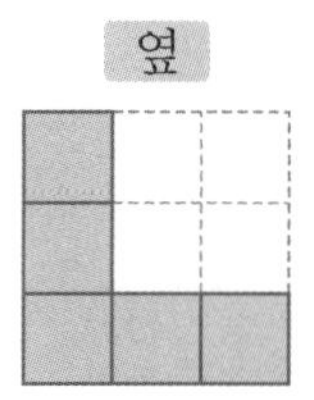

( )개

5

위 앞 옆

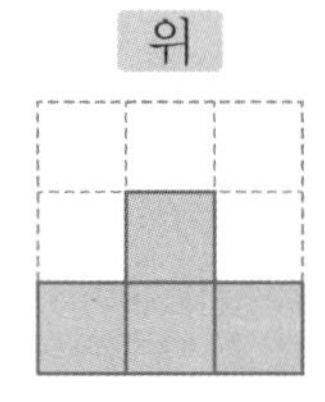

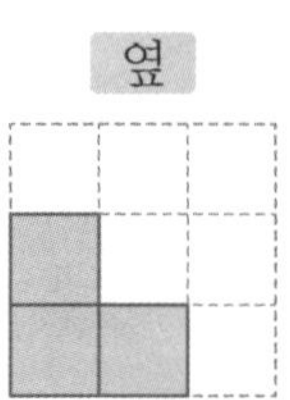

( )개

6

위 앞 옆

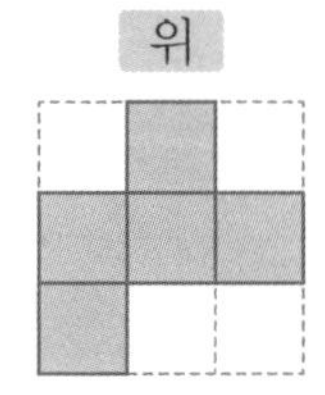

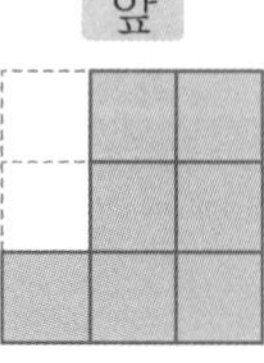

( )개

쌓은 모양과 쌓기나무의 개수 알아보기(4)

쌓은 모양을 보고 1층, 2층 모양 그리기

★ 쌓기나무로 쌓은 모양과 1층 모양을 보고 2층 모양을 그려 보세요.

1

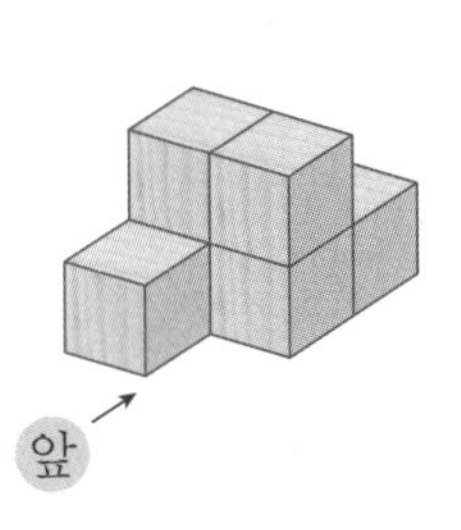

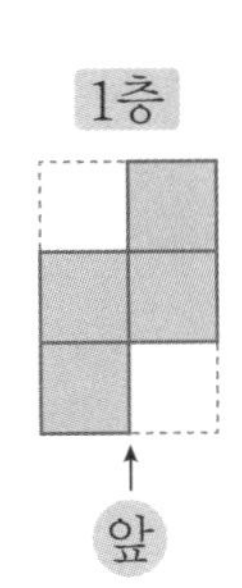

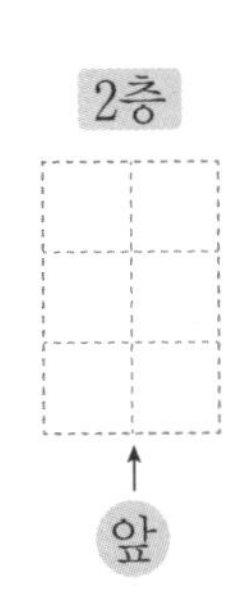

2

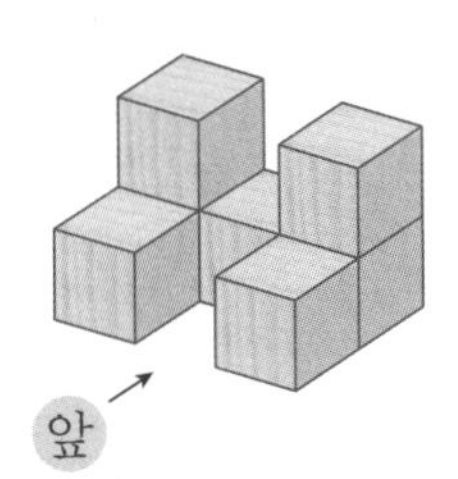

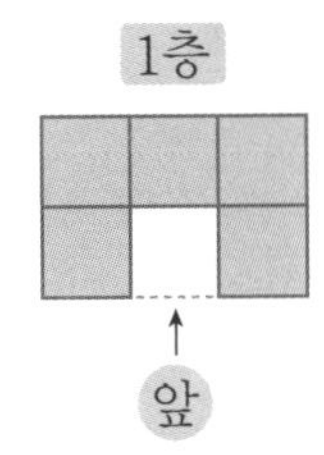

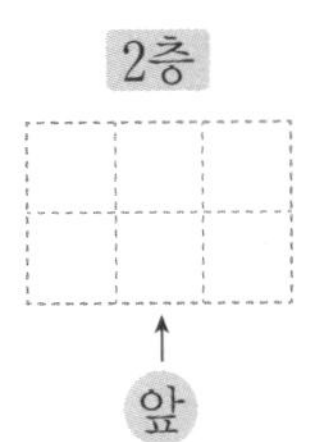

3

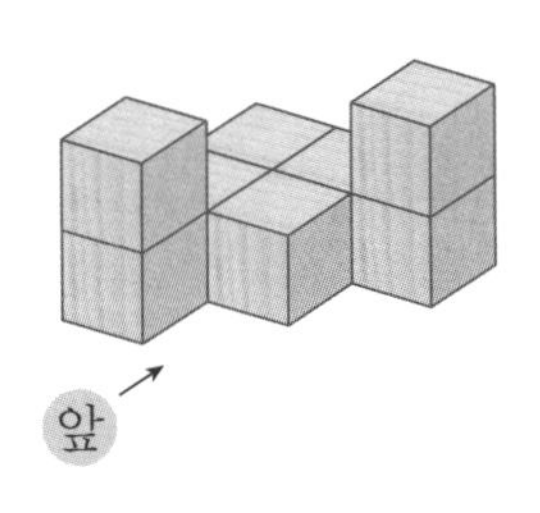

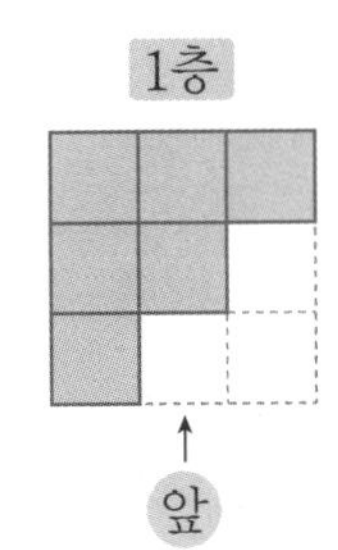

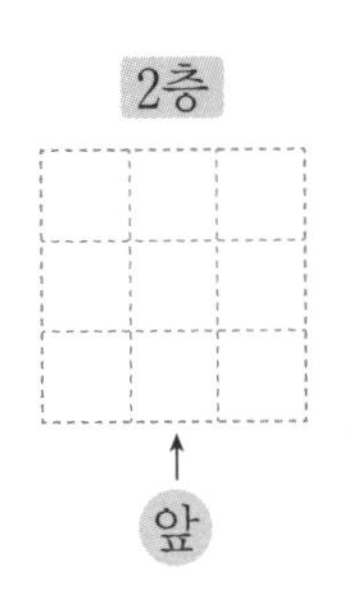

★ 쌓기나무로 쌓은 모양을 보고 1층과 2층 모양을 각각 그려 보세요.

4

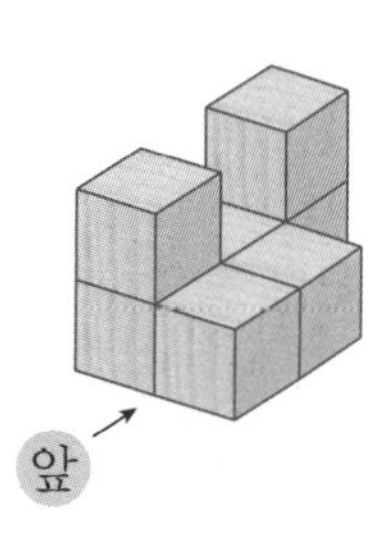

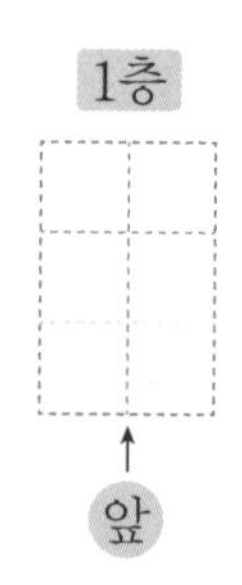

5

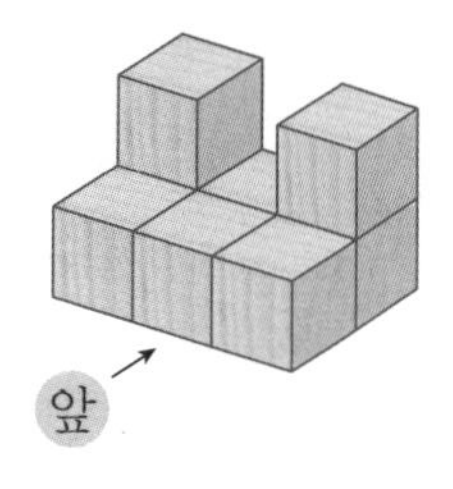

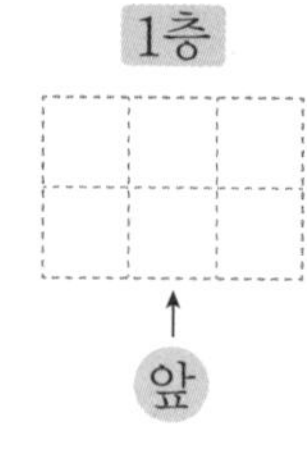

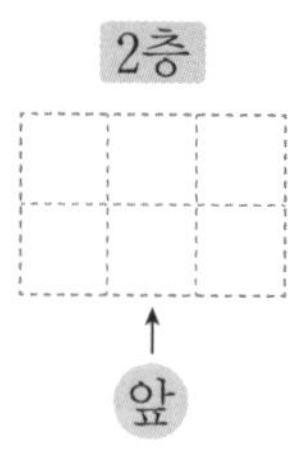

6

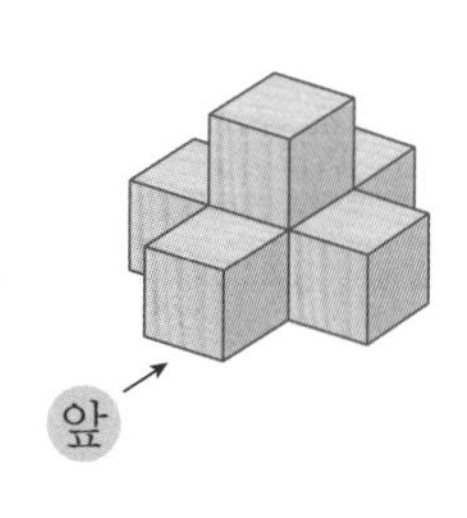

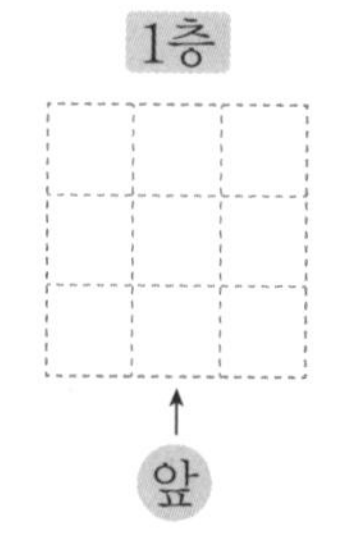

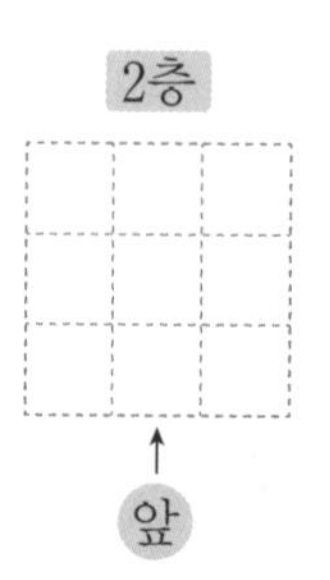

쌓은 모양과 쌓기나무의 개수 알아보기(4)

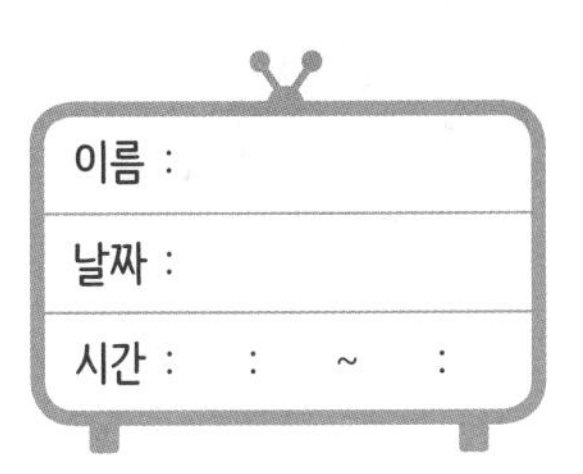

쌓은 모양을 보고 2층, 3층 모양 그리기

★ 쌓기나무로 쌓은 모양과 1층 모양을 보고 2층과 3층 모양을 각각 그려 보세요.

1

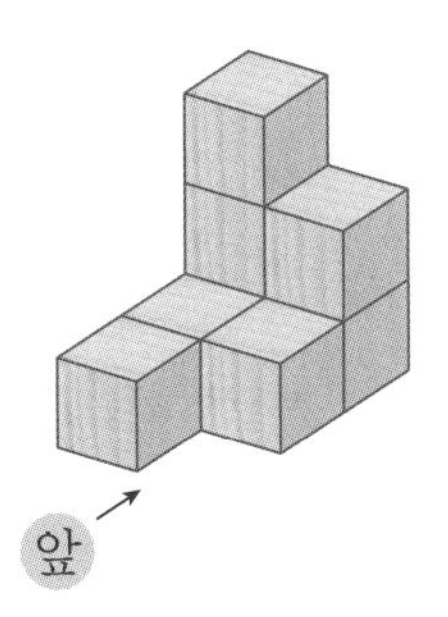

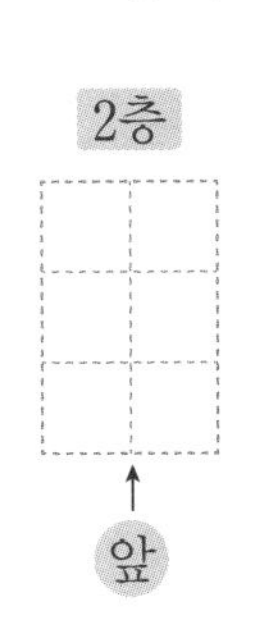

2층

앞

3층

앞

2

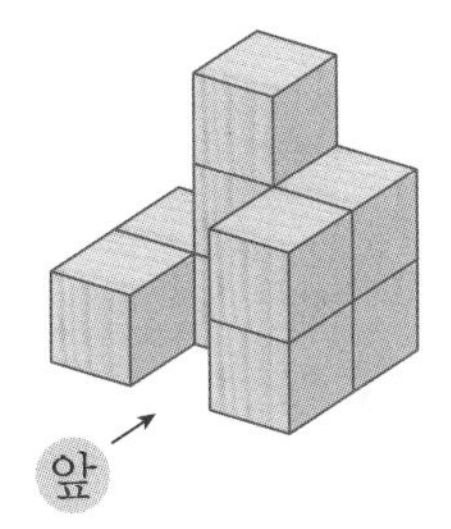

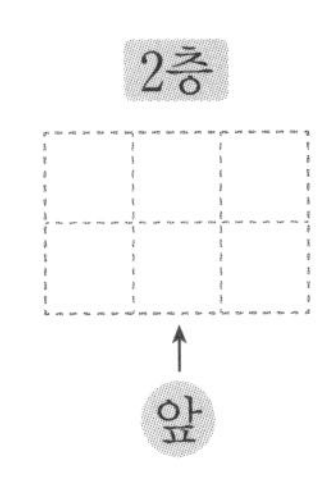

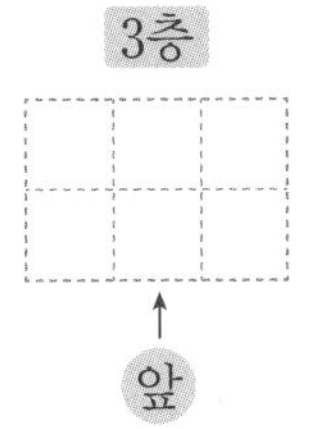

3층

앞

3

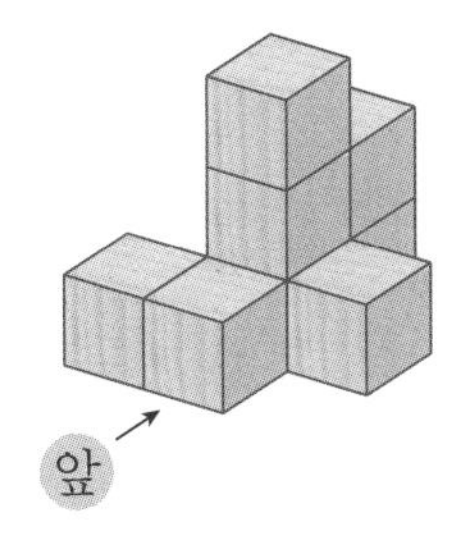

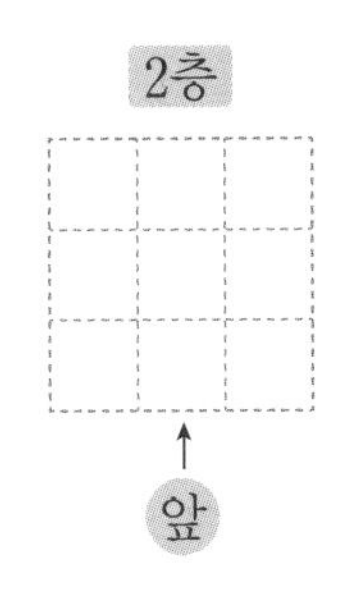

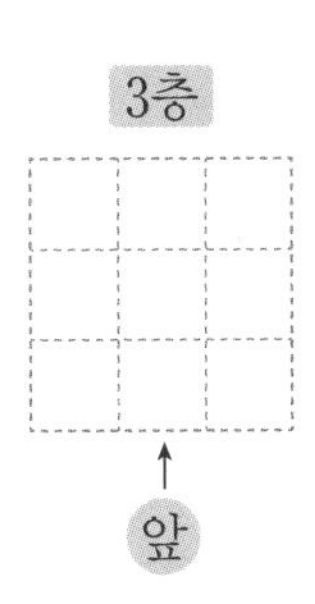

3층

앞

★ 쌓기나무로 쌓은 모양과 1층 모양을 보고 2층과 3층 모양을 각각 그려 보세요.

4

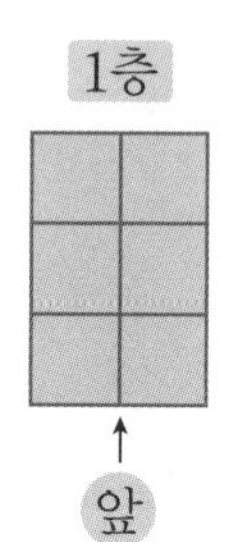

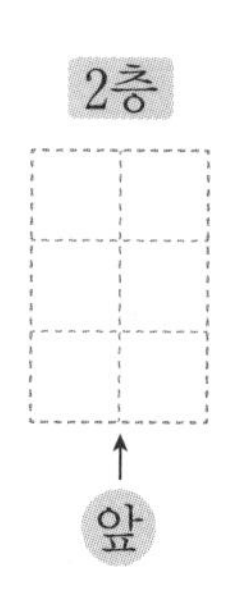

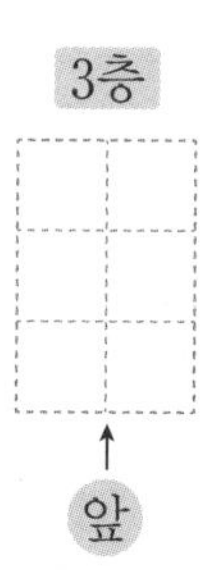

5

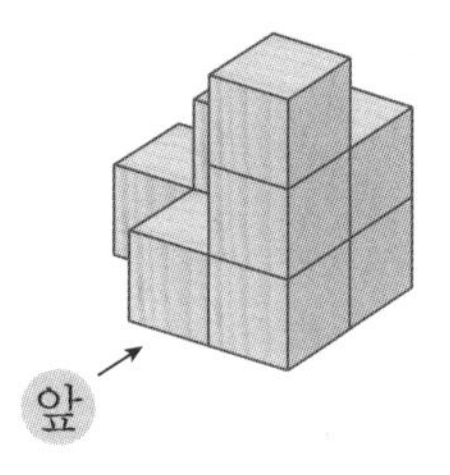

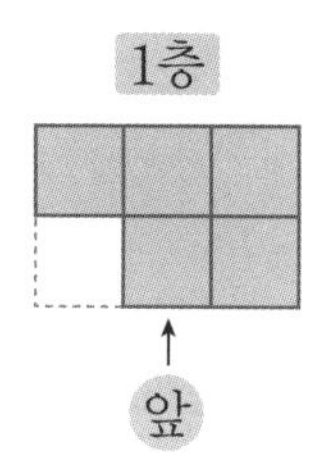

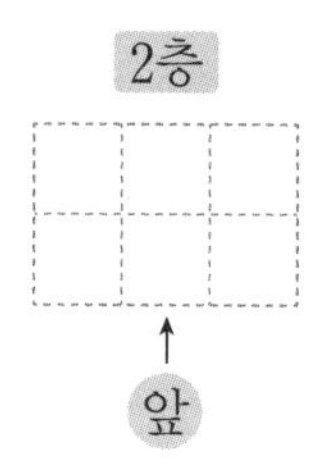

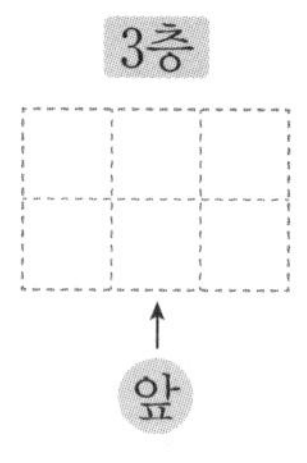

6

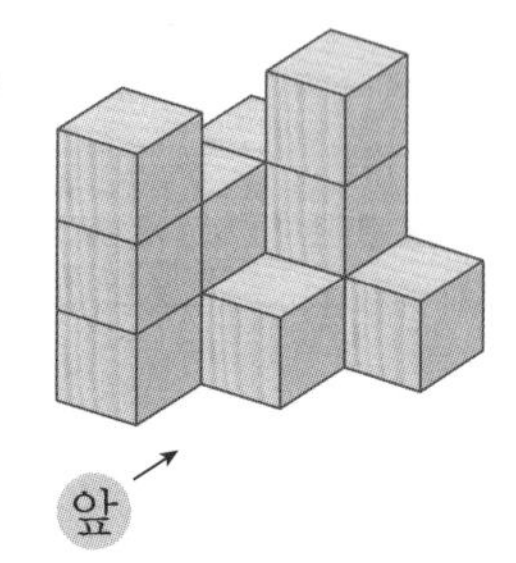

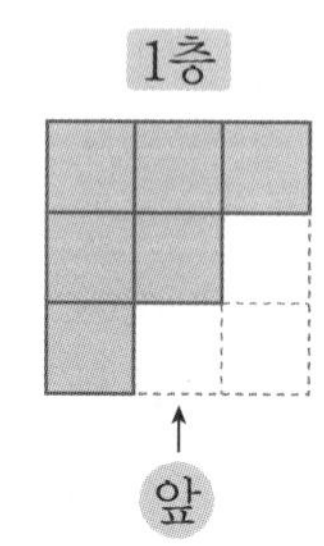

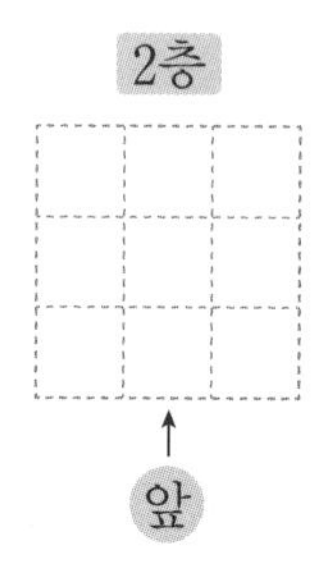

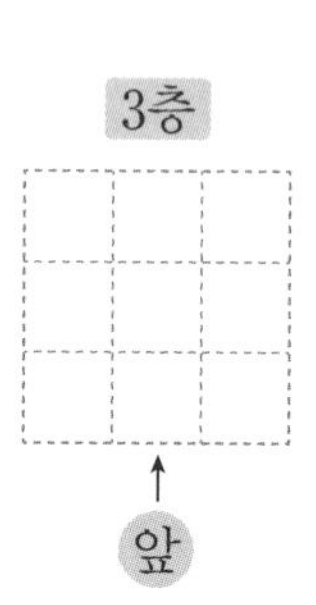

쌓은 모양과 쌓기나무의 개수 알아보기(4)

이름 :

날짜 :

시간 : : ~ :

층별로 나타낸 모양을 보고 쌓은 모양 찾기

★ 쌓기나무로 쌓은 모양을 층별로 나타낸 모양을 보고 쌓은 모양을 찾아 기호를 써 보세요.

층별로 나타낸 모양은 각 층의 모양과 개수를 정확하게 알 수 있습니다.

1

1층 2층 3층

앞 앞 앞

가

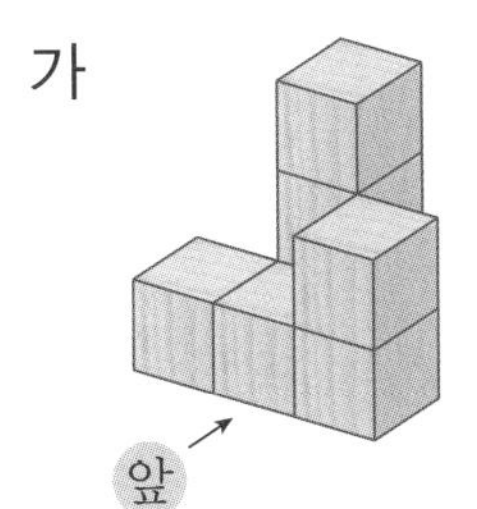

나

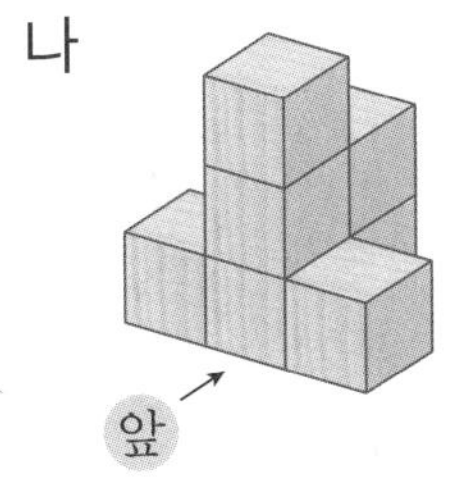

다

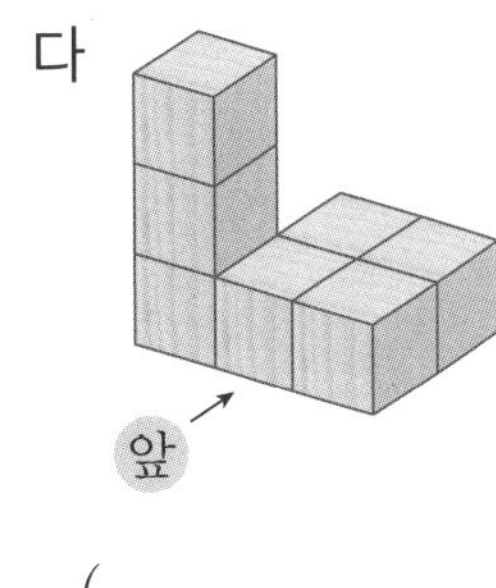

(　　　　　　　　　)

2

1층

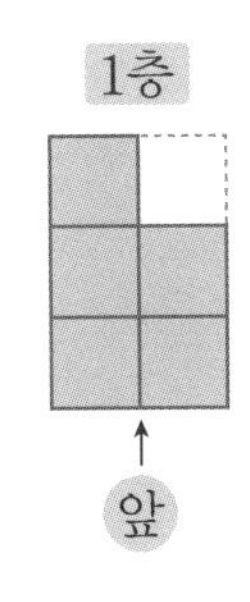

2층

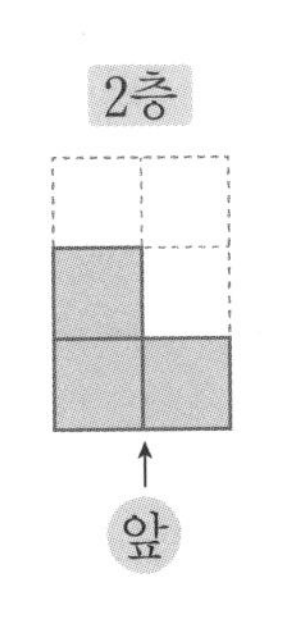

3층

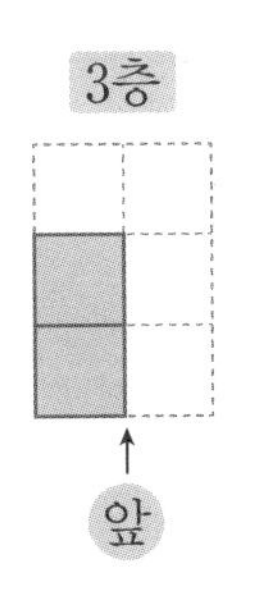

가

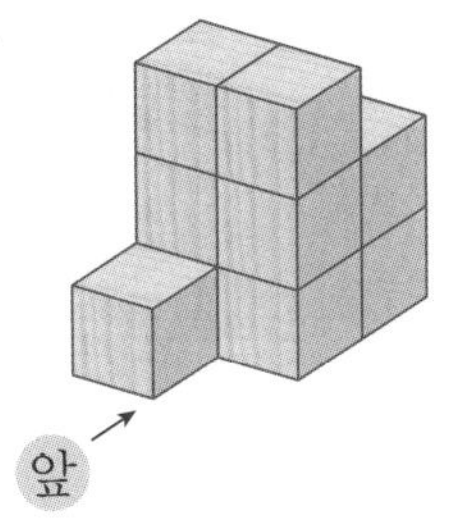

나

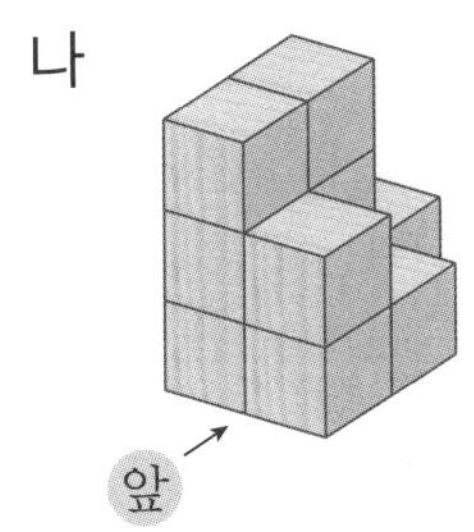

다

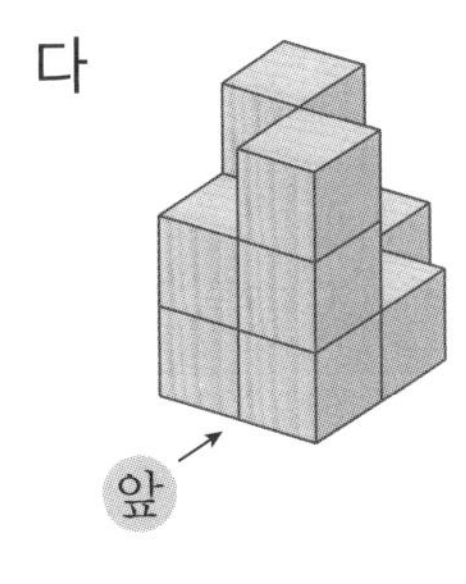

(　　　　　　　　　)

★ 쌓기나무로 쌓은 모양을 층별로 나타낸 모양을 보고 쌓은 모양을 찾아 기호를 써 보세요.

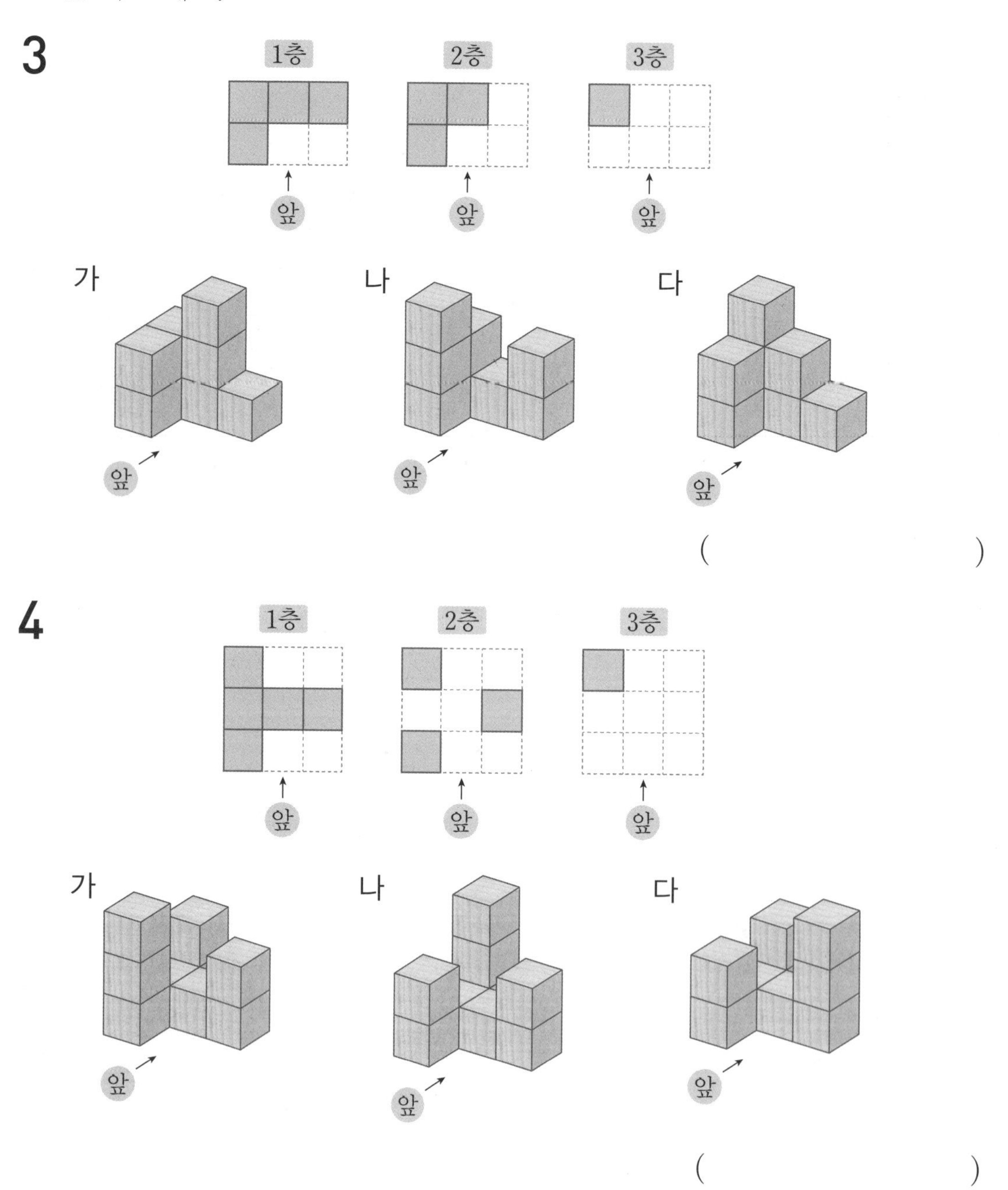

3 ( )

4 ( )

쌓은 모양과 쌓기나무의 개수 알아보기(4)

이름 :
날짜 :
시간 : : ~ :

 층별로 나타낸 모양을 보고 쌓기나무의 개수 구하기 ①

★ 쌓기나무로 쌓은 모양을 층별로 나타낸 모양입니다. 층별로 나누어 쌓기나무의 수를 구하는 방법으로, 똑같은 모양으로 쌓는 데 필요한 쌓기나무의 개수를 구해 보세요.

1

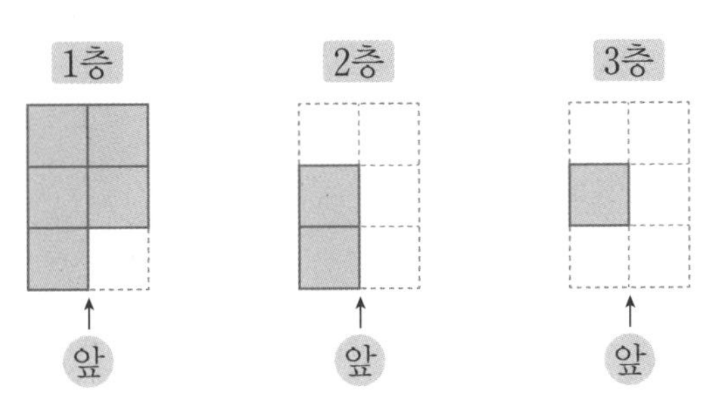

층	1층	2층	3층	합계
쌓기나무의 수(개)				

( )개

2

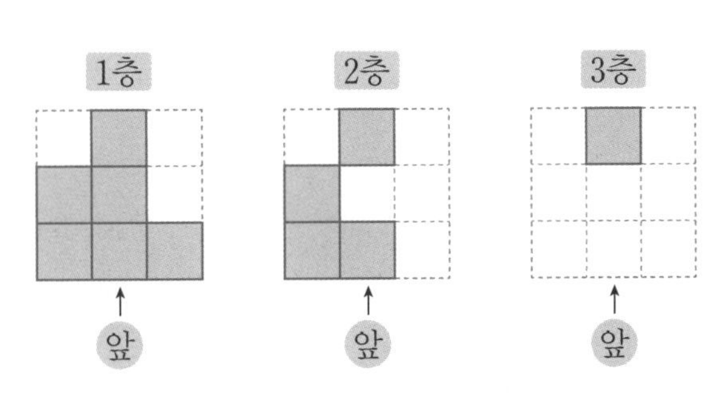

층	1층	2층	3층	합계
쌓기나무의 수(개)				

( )개

★ 쌓기나무로 쌓은 모양을 층별로 나타낸 모양입니다. 층별로 나누어 쌓기나무의 수를 구하는 방법으로, 똑같은 모양으로 쌓는 데 필요한 쌓기나무의 개수를 구해 보세요.

3

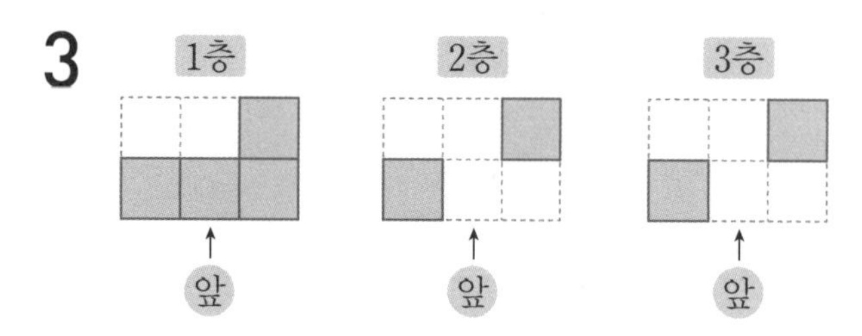

(　　　　　　　　)개

4

1층　2층　3층

앞　앞　앞

(　　　　　　　　)개

5

1층　2층　3층

앞　앞　앞

(　　　　　　　　)개

쌓은 모양과 쌓기나무의 개수 알아보기(4)

이름 :

날짜 :

시간 : : ~ :

층별로 나타낸 모양을 보고 쌓기나무의 개수 구하기 ②

★ 쌓기나무로 쌓은 모양을 층별로 나타낸 모양입니다. 위에서 본 모양에 수를 쓰는 방법으로, 똑같은 모양으로 쌓는 데 필요한 쌓기나무의 개수를 구해 보세요.

위에서 본 모양과 1층 모양은 서로 같습니다.

1

1층 2층 3층 위

㉠ ㉡
㉢
㉣

앞 앞 앞 앞

자리	㉠	㉡	㉢	㉣	합계
쌓기나무의 수(개)					

( )개

2

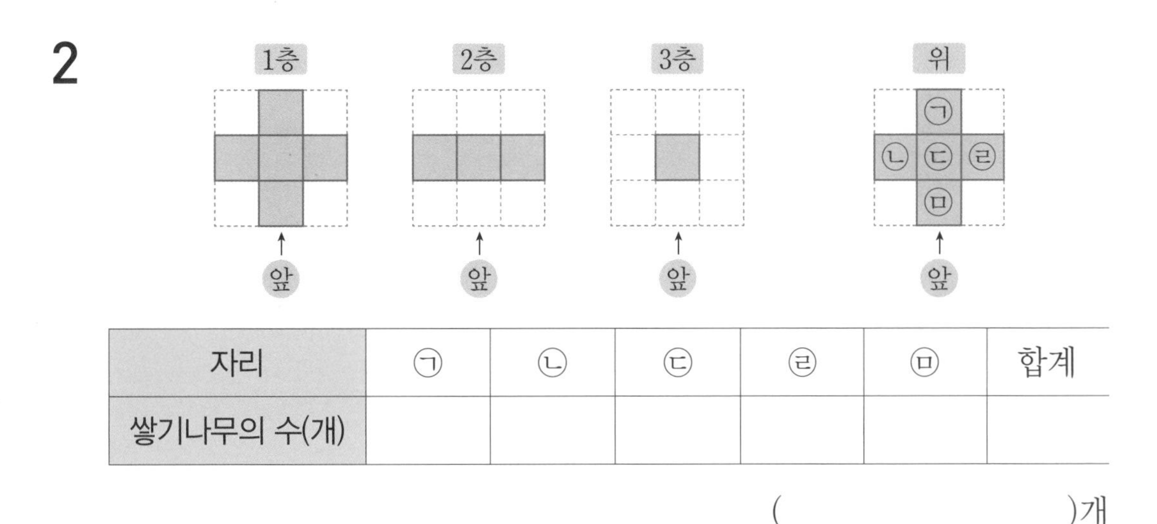

자리	㉠	㉡	㉢	㉣	㉤	합계
쌓기나무의 수(개)						

( )개

★ 쌓기나무로 쌓은 모양을 층별로 나타낸 모양입니다. 위에서 본 모양에 수를 쓰는 방법으로 나타내고, 똑같은 모양으로 쌓는 데 필요한 쌓기나무의 개수를 구해 보세요.

3

1층 2층 3층 위

앞 앞 앞 앞

(　　　　　　　　)개

4

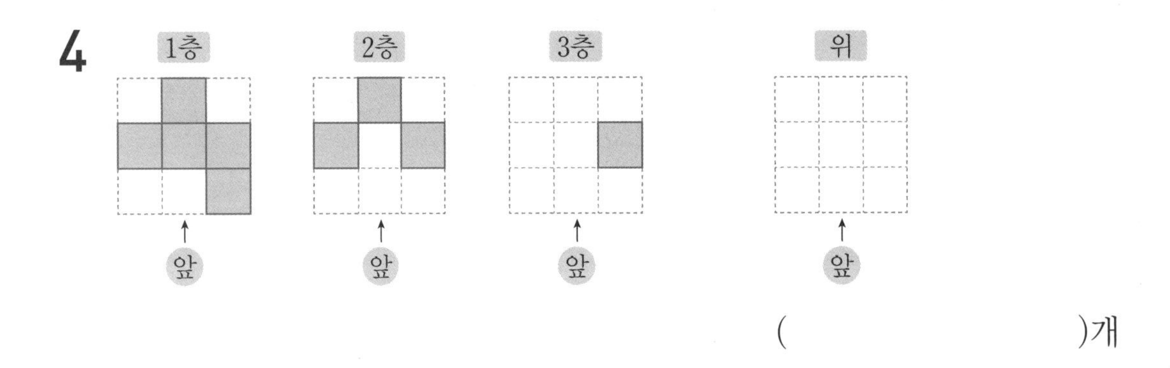

(　　　　　　　　)개

5

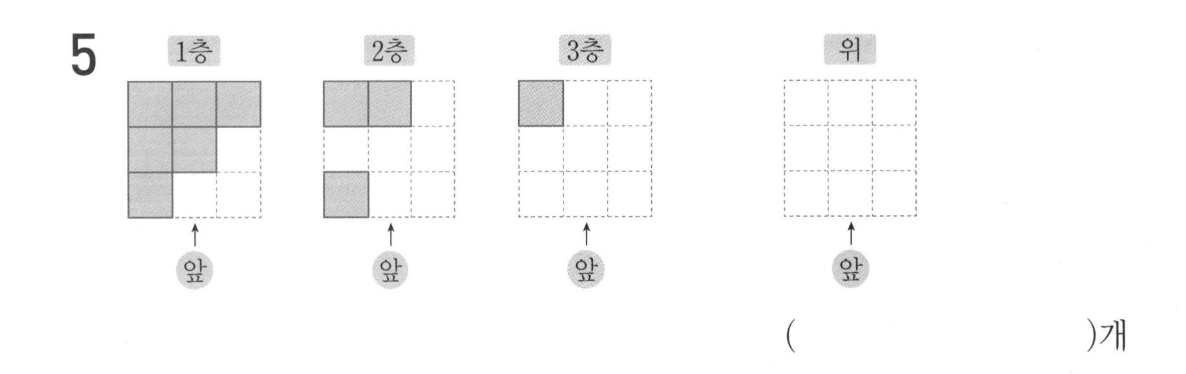

(　　　　　　　　)개

쌓은 모양과 쌓기나무의 개수 알아보기(4)

이름 :
날짜 :
시간 : : ~ :

앞과 옆에서 본 모양 알아보기

★ 쌓기나무로 쌓은 모양을 층별로 나타낸 모양입니다. 앞과 옆에서 본 모양을 찾아 ( ) 안에 각각 '앞', '옆'을 써넣으세요.

1

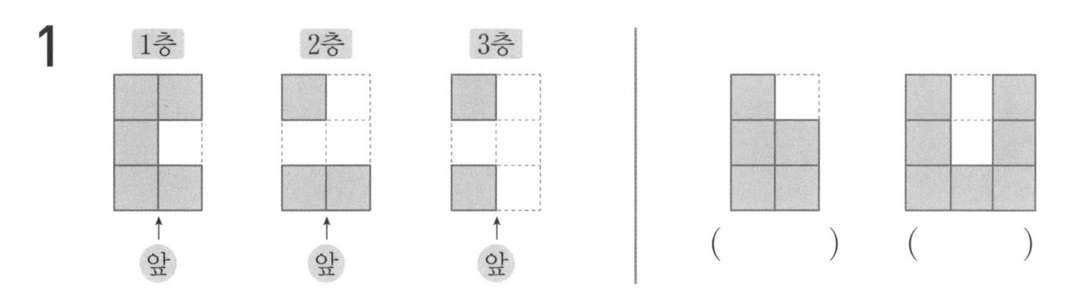

( ) ( )

2

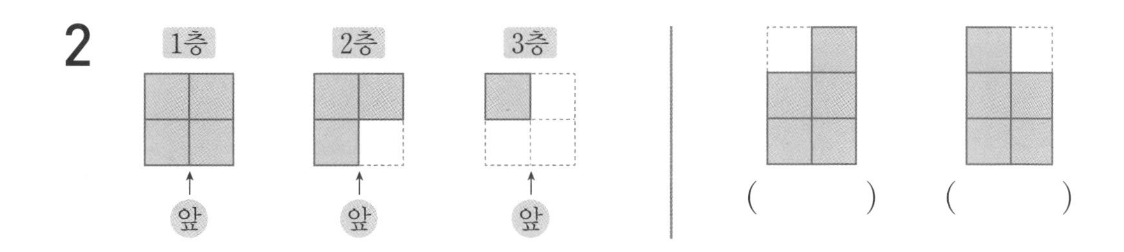

( ) ( )

3

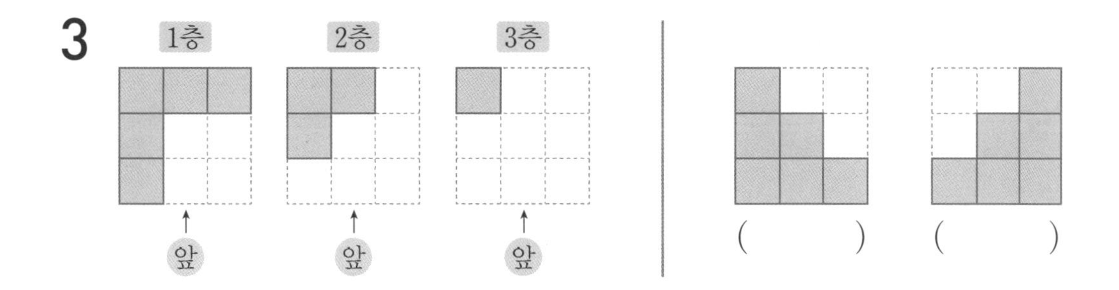

( ) ( )

★ 쌓기나무로 쌓은 모양을 층별로 나타낸 모양입니다. 앞과 옆에서 본 모양을 그려 보세요.

4

1층 2층 3층 앞 옆

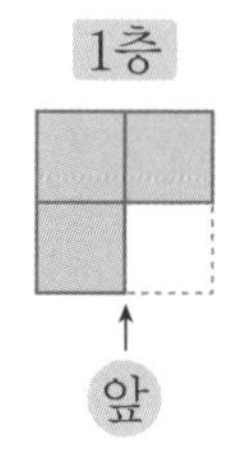

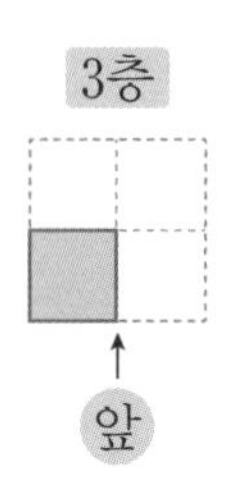

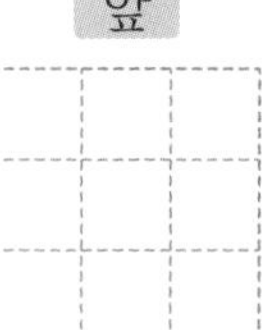

앞 앞 앞

5

1층 2층 3층 앞 옆

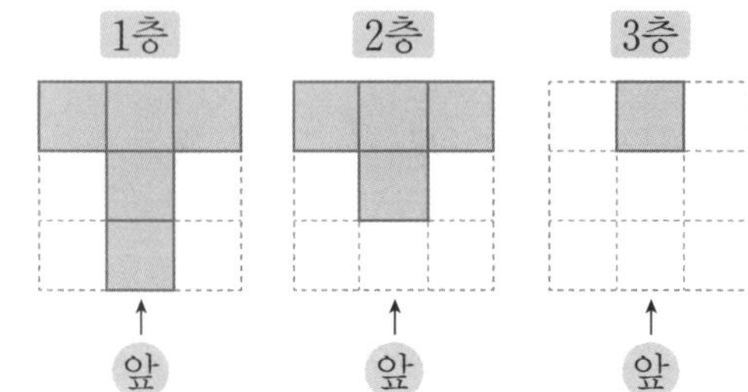

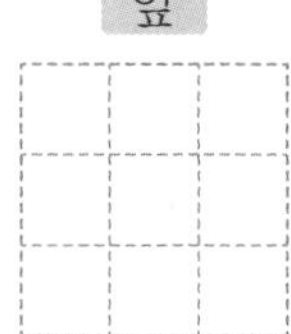

앞 앞 앞

6

1층 2층 3층 앞 옆

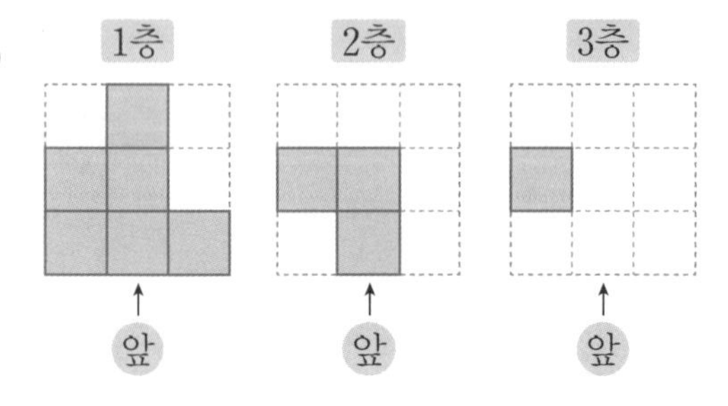

앞 앞 앞

쌓은 모양과 쌓기나무의 개수 알아보기(4)

이름 :
날짜 :
시간 : : ~ :

2층과 3층으로 쌓을 수 있는 알맞은 모양 찾기

★ 쌓기나무로 1층 위에 서로 다른 모양으로 2층과 3층을 쌓으려고 합니다. 1층 모양을 보고 2층과 3층으로 쌓을 수 있는 알맞은 모양을 찾아 기호를 써 보세요.

1

1층 2층 ( ) 3층 ( )

앞

가 앞 나 앞 다 앞 라 앞

2

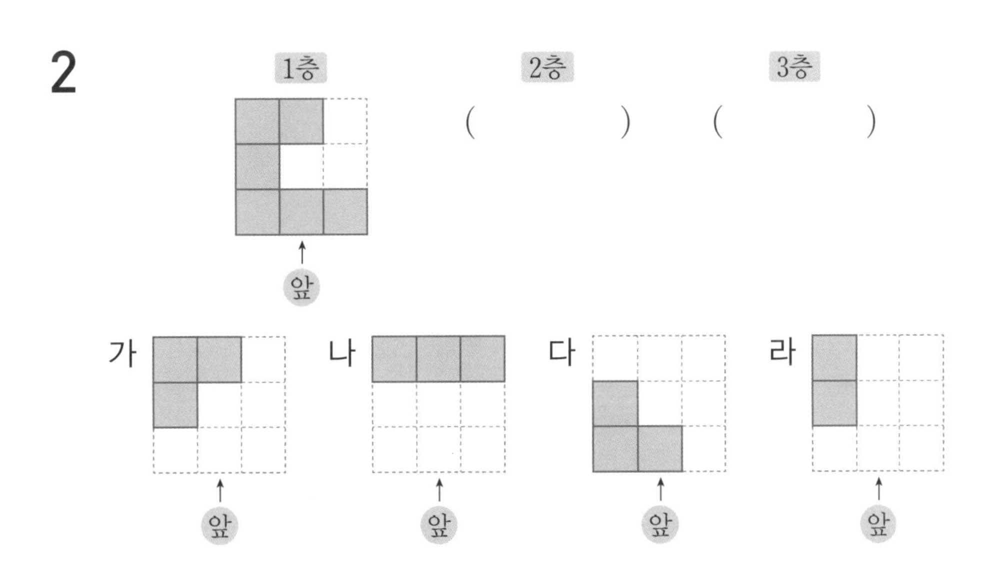

★ 쌓기나무로 1층 위에 서로 다른 모양으로 2층과 3층을 쌓으려고 합니다. 1층 모양을 보고 2층과 3층으로 쌓을 수 있는 알맞은 모양을 찾아 기호를 써 보세요.

3

1층 2층 ( ) 3층 ( )

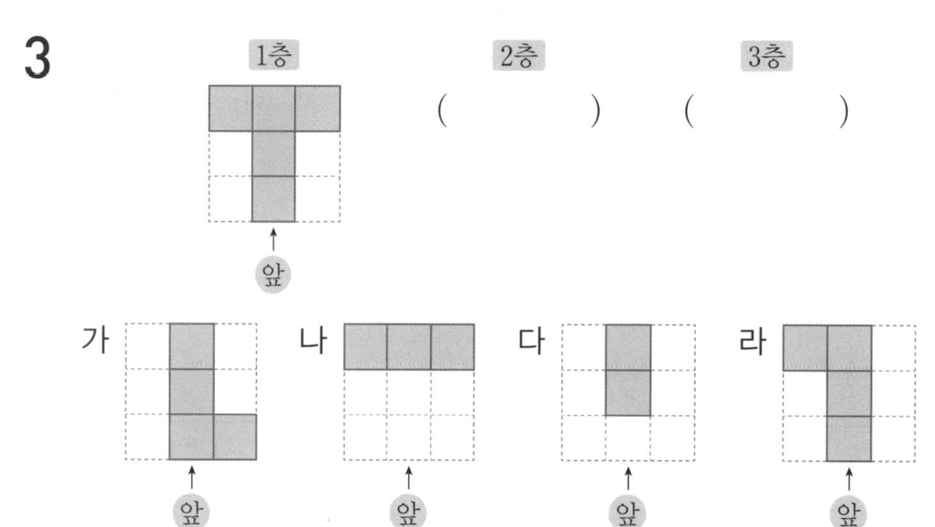

4

1층 2층 ( ) 3층 ( )

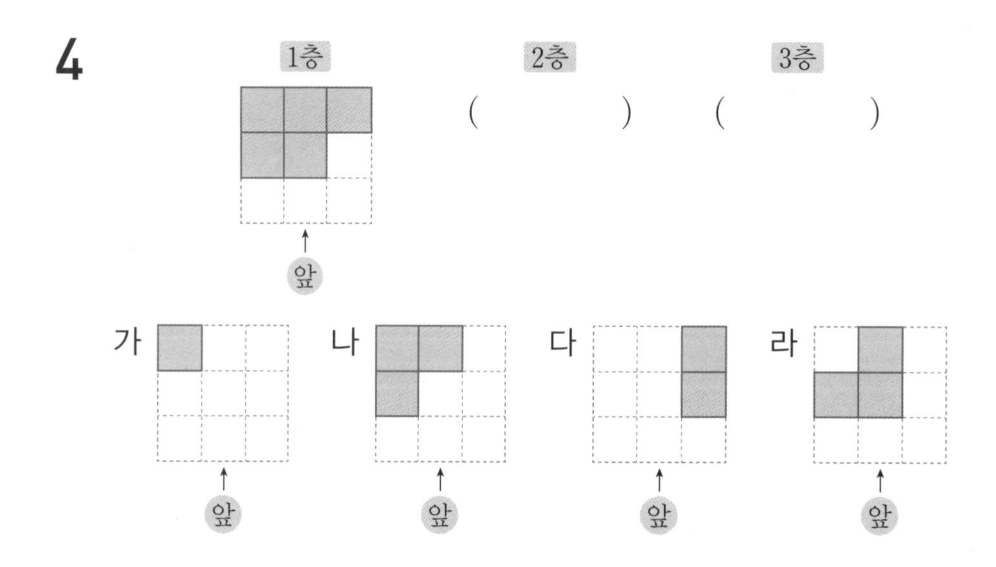

여러 가지 모양 만들어 보기

이름 :
날짜 :
시간 : : ~ :

쌓기나무 3개, 4개로 만들 수 있는 모양 알아보기

1 쌓기나무 3개로 만들 수 있는 서로 다른 모양은 모두 몇 가지인지, 쌓기나무 2개로 만들 수 있는 모양에 쌓기나무 1개를 더 붙여서 찾아보려고 합니다. ☐ 안에 알맞은 수를 써넣으세요.

(1) 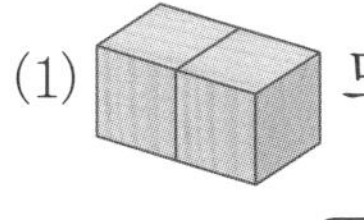 모양에 쌓기나무 1개를 더 붙여서 만들 수 있는 서로 다른 모양은 모두 ☐ 가지입니다.

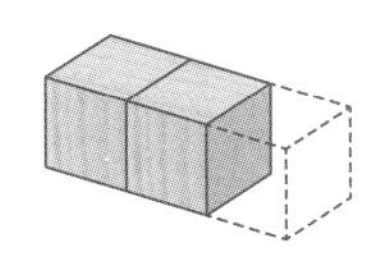

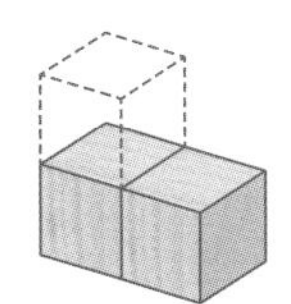

(2) 쌓기나무 3개로 만들 수 있는 서로 다른 모양은 모두 ☐ 가지입니다.

2 쌓기나무 3개로 만든 모양입니다. 서로 같은 모양을 찾아 기호를 써 보세요.

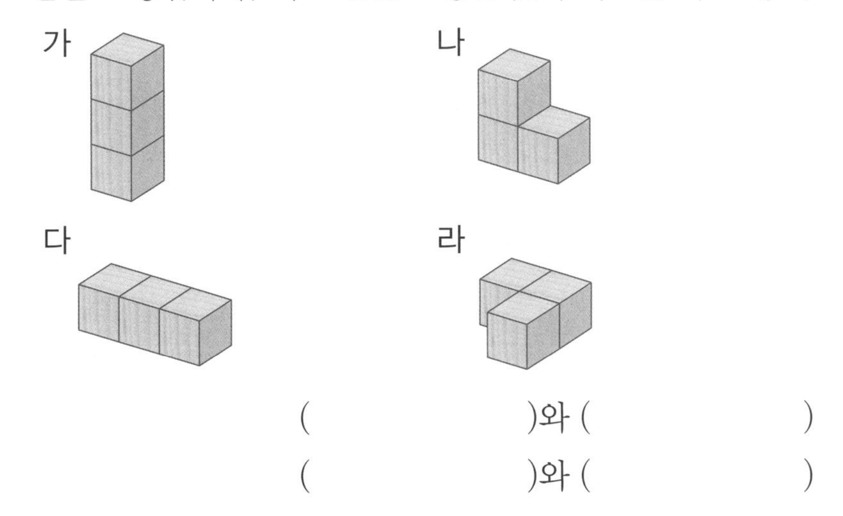

( )와 ( )

( )와 ( )

★ 쌓기나무 4개로 만들 수 있는 서로 다른 모양은 모두 몇 가지인지, 쌓기나무 3개로 만들 수 있는 모양에 쌓기나무 1개를 더 붙여서 찾아보려고 합니다. ☐ 안에 알맞은 수를 써넣으세요.

3 모양에 쌓기나무 1개를 더 붙여서 만들 수 있는 서로 다른 모양은 모두 ☐가지입니다.

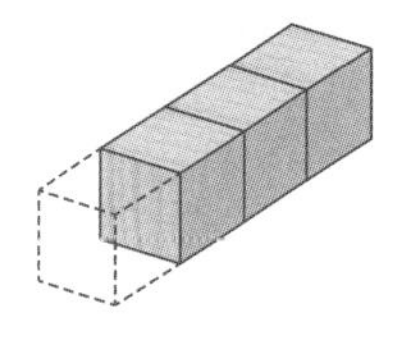 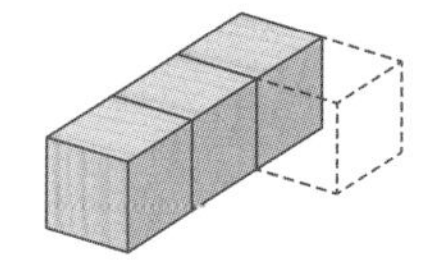 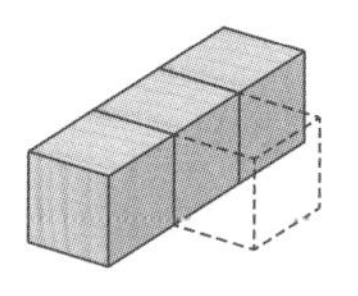

4 모양에 쌓기나무 1개를 더 붙여서 만들 수 있는 서로 다른 모양은 모두 ☐가지입니다.

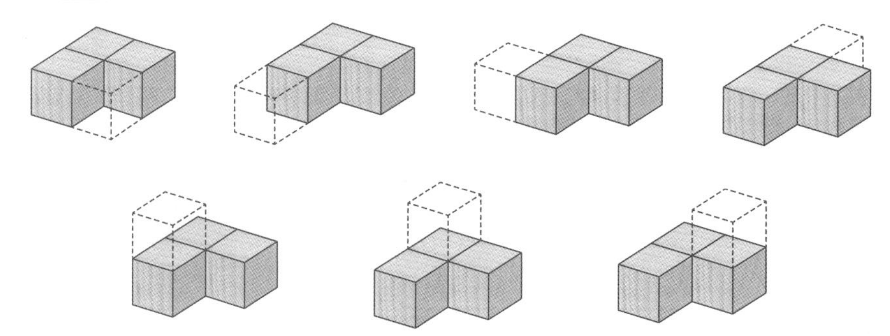

5 **3**번과 **4**번에서 만든 쌓기나무 중 서로 겹치는 쌓기나무는 모두 ☐가지입니다.

6 쌓기나무 4개로 만들 수 있는 서로 다른 모양은 모두 ☐가지입니다.

여러 가지 모양 만들어 보기

이름 :
날짜 :
시간 : : ~ :

쌓기나무 5개로 만들 수 있는 모양 알아보기

1 모양에 쌓기나무 1개를 더 붙여서 만들 수 있는 모양이 아닌 것을 찾아 기호를 써 보세요.

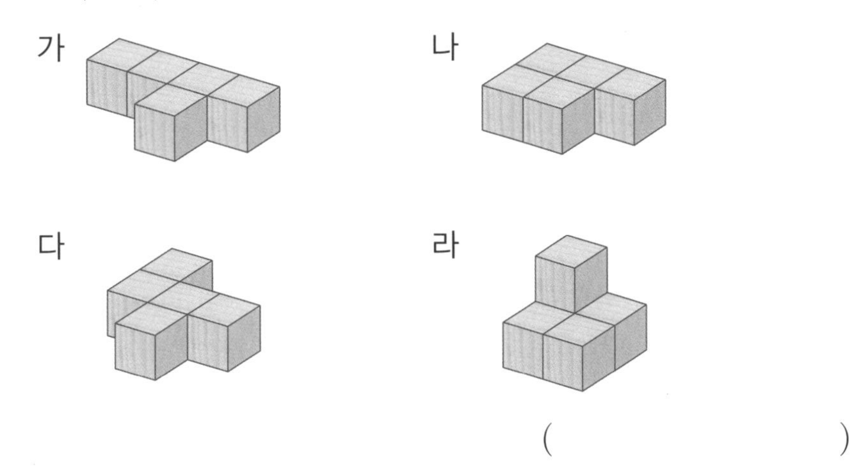

( )

2 모양에 쌓기나무 1개를 더 붙여서 만들 수 있는 모양이 아닌 것을 찾아 기호를 써 보세요.

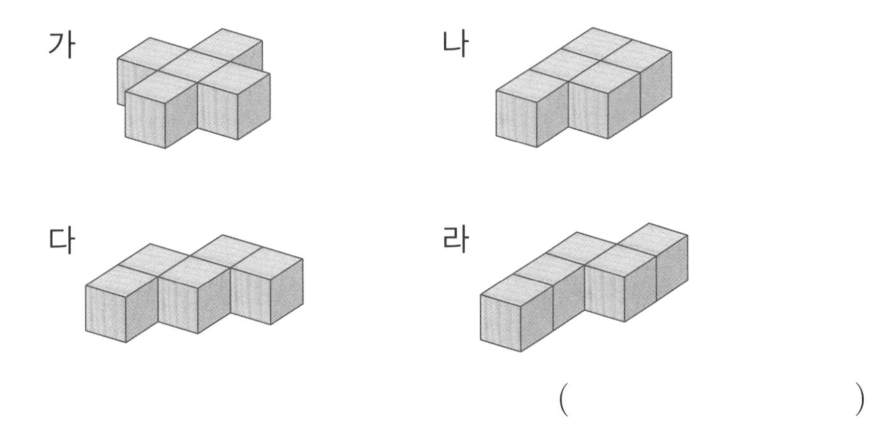

( )

3 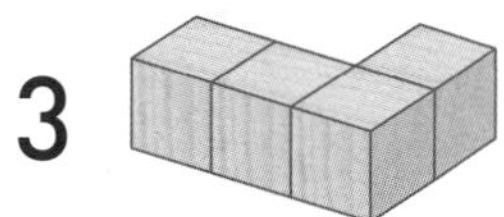 모양에 쌓기나무 1개를 더 붙여서 만들 수 있는 모양이 아닌 것을 찾아 기호를 써 보세요.

가

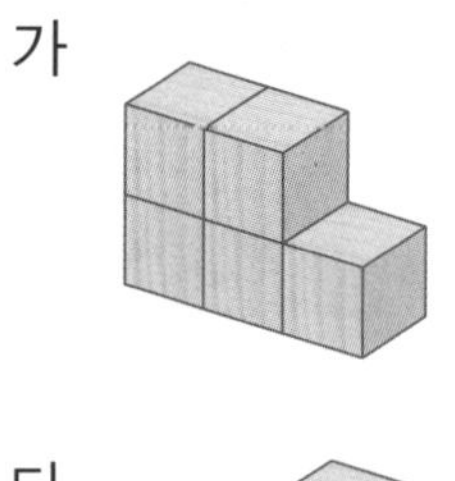

나

다

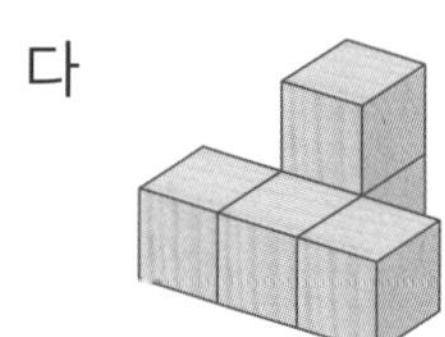

라

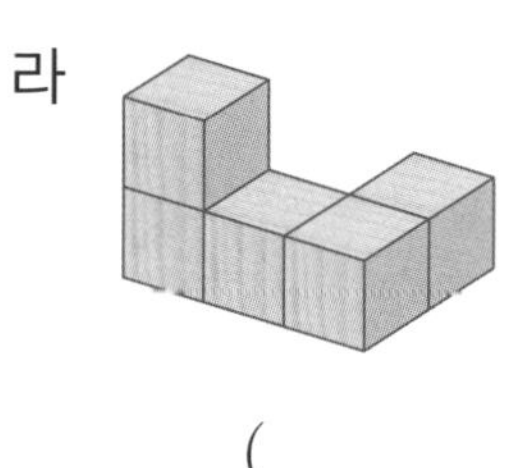

(　　　　　　　　)

4 모양에 쌓기나무 1개를 더 붙여서 만들 수 있는 모양이 아닌 것을 찾아 기호를 써 보세요.

가

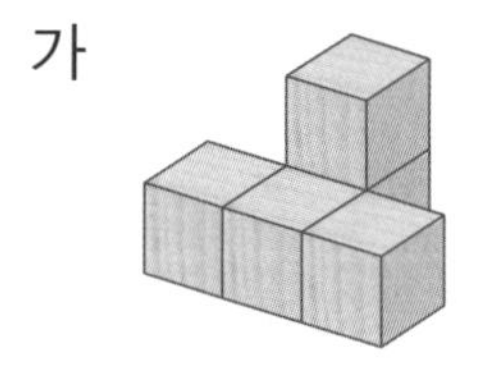

나

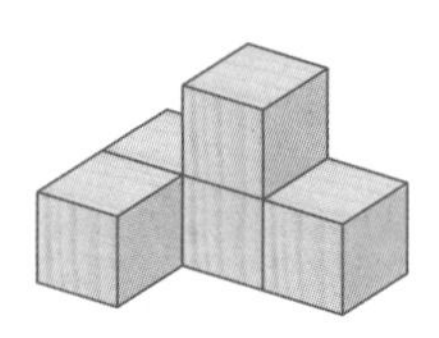

다

라

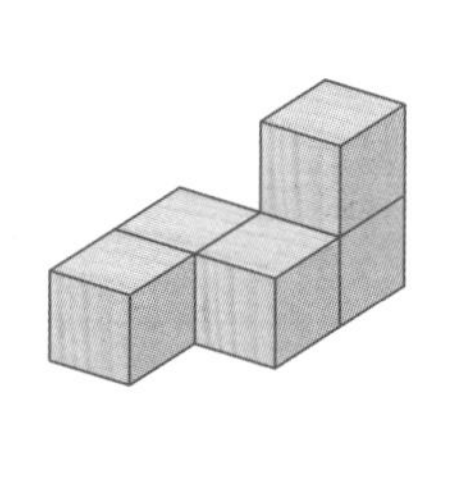

(　　　　　　　　)

여러 가지 모양 만들어 보기

이름 :
날짜 :
시간 : : ~ :

같은 모양 찾기 ①

★ 쌓기나무 4개로 만든 모양입니다. 서로 같은 모양끼리 이어 보세요.

1 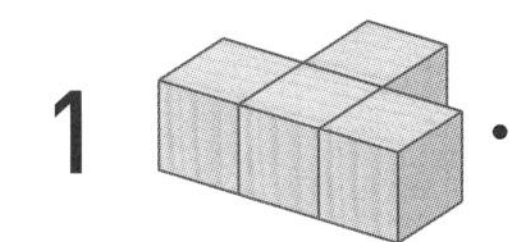 •

• ㉠ 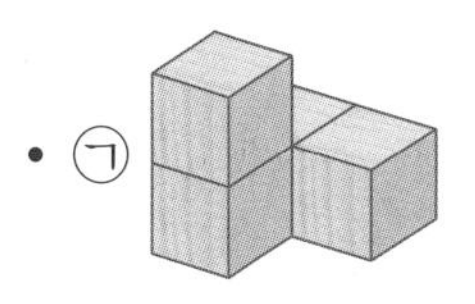

2 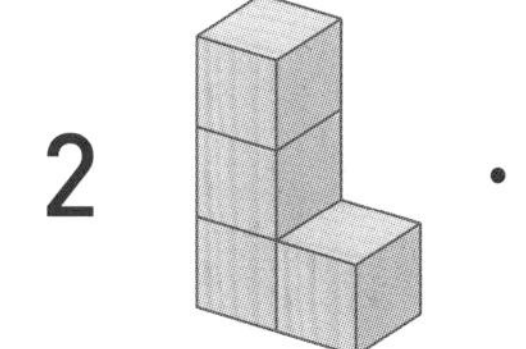 •

• ㉡ 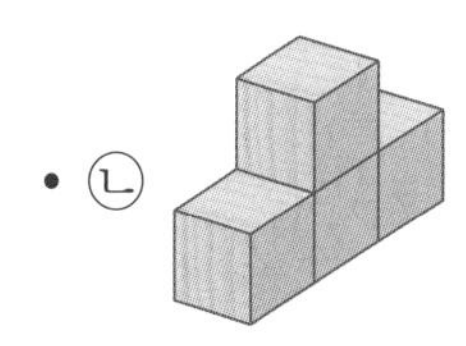

3 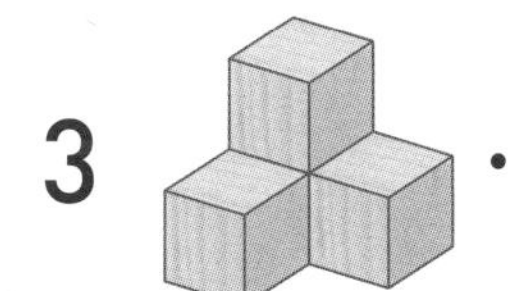 •

• ㉢ 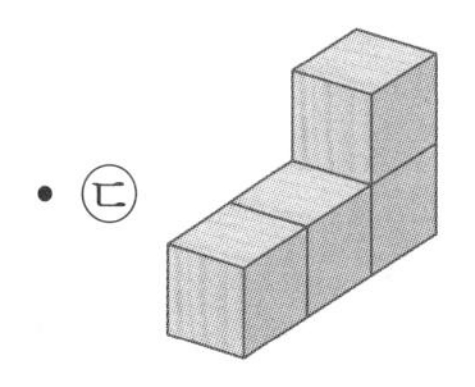

4  •

• ㉣ 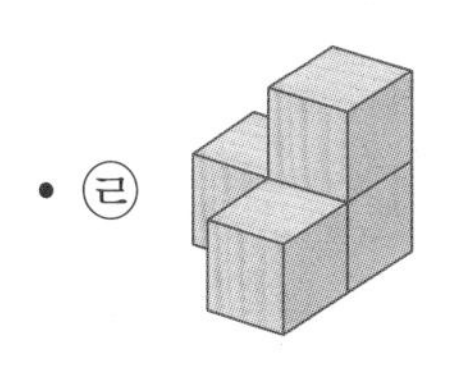

★ 쌓기나무 5개로 만든 모양입니다. 서로 같은 모양끼리 이어 보세요.

5 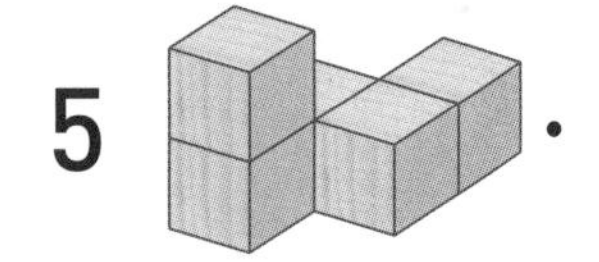 • 　　　　• ㉠ 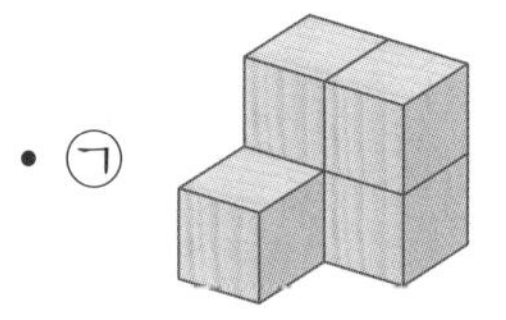

6  • 　　　　• ㉡ 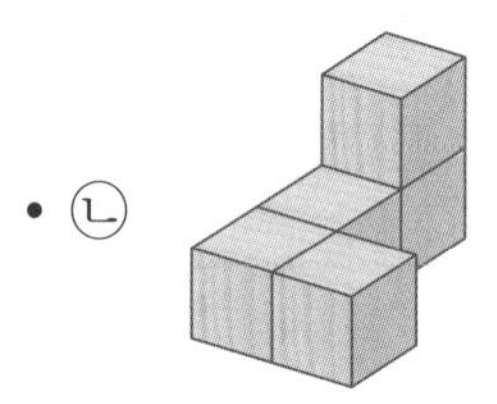

7  • 　　　　• ㉢ 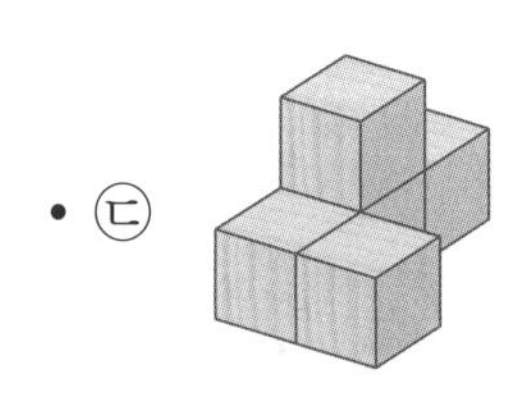

8 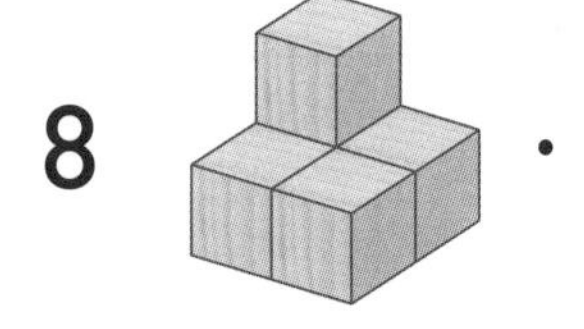 • 　　　　• ㉣ 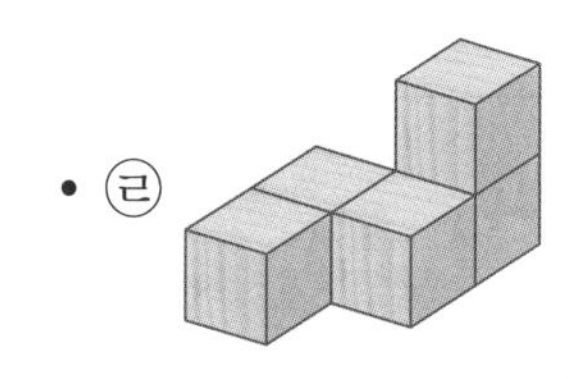

여러 가지 모양 만들어 보기

이름 :

날짜 :

시간 : : ~ :

같은 모양 찾기 ②

★ 쌓기나무 5개로 만든 모양입니다. 서로 같은 모양끼리 이어 보세요.

 1  •

•  ㉠ 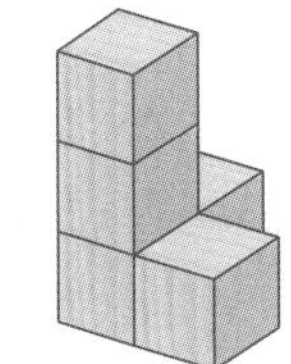

2  •

• 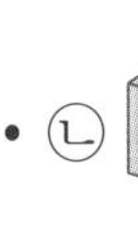 ㉡ 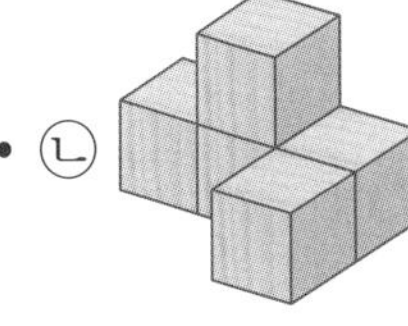

3 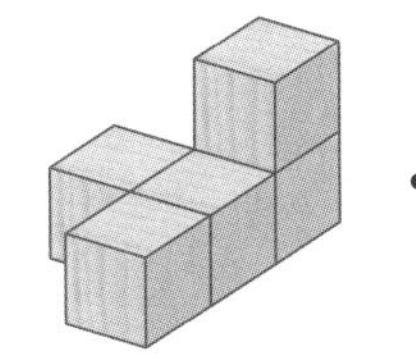 •

• 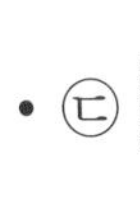 ㉢ 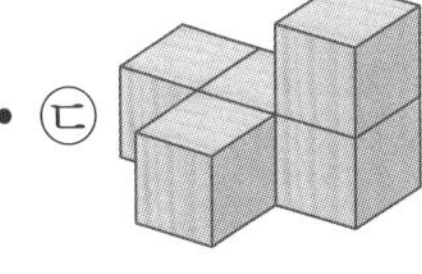

4 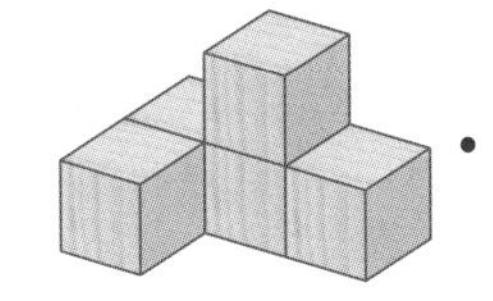 •

• ㉣ 

★ 쌓기나무 6개로 만든 모양입니다. 서로 같은 모양끼리 이어 보세요.

5  •

• ㉠ 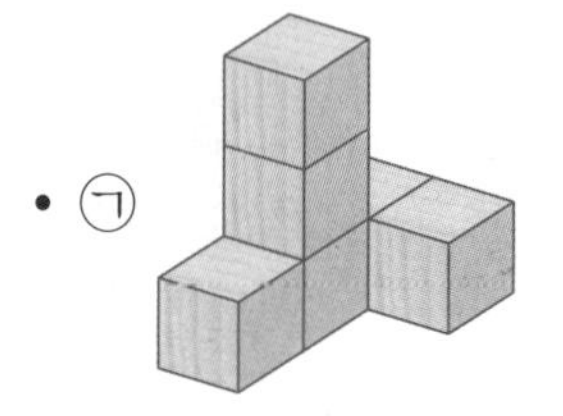

6  •

• ㉡ 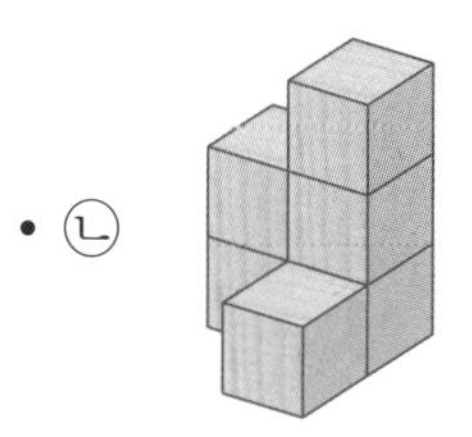

7 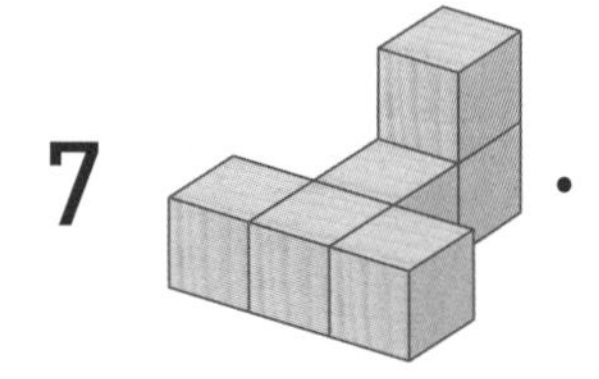 •

• ㉢ 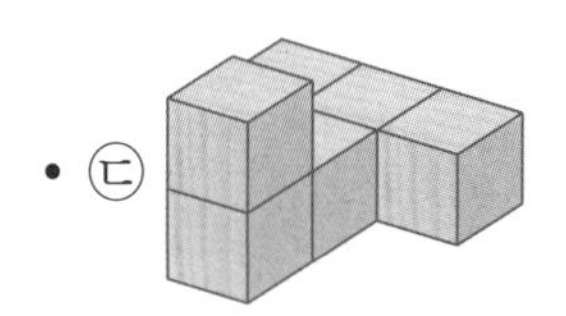

8  •

• ㉣ 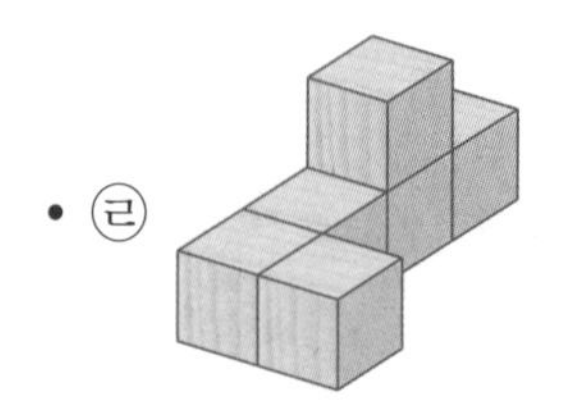

여러 가지 모양 만들어 보기

이름 :
날짜 :
시간 : : ~ :

두 가지 모양을 사용하여 새로운 모양 만들기 ①

1 보기 의 두 가지 모양을 사용하여 만들 수 있는 모양을 모두 찾아 기호를 써 보세요.

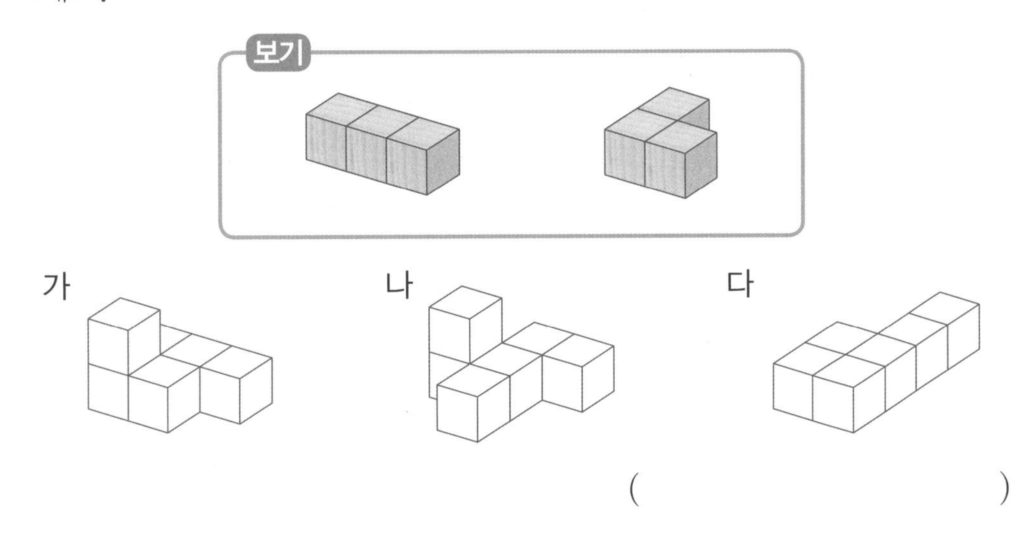

( )

2 보기 의 두 가지 모양을 사용하여 만들 수 있는 모양을 모두 찾아 기호를 써 보세요.

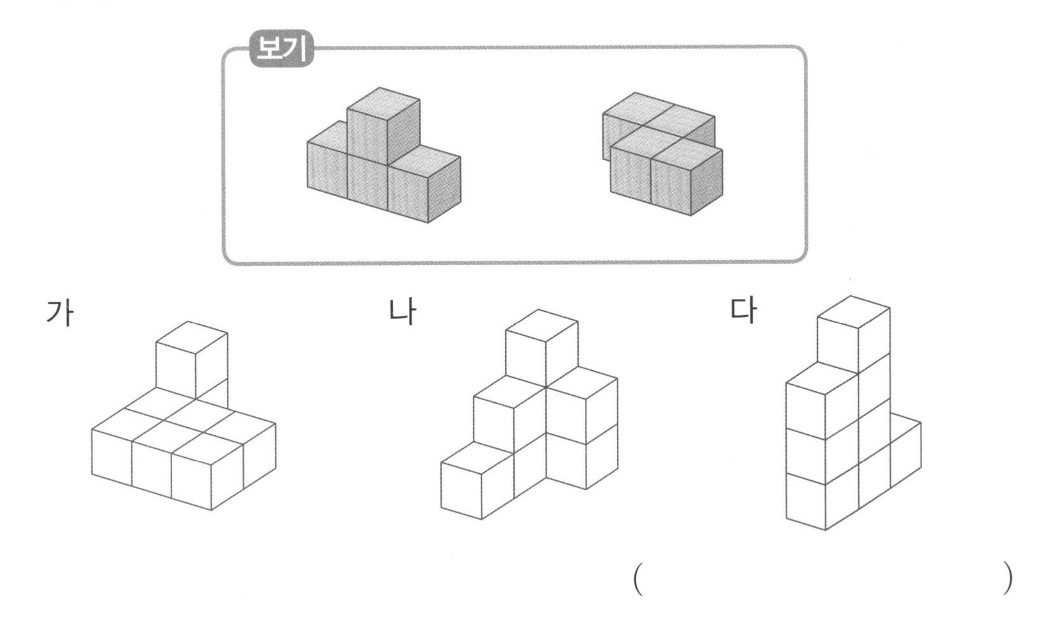

( )

3 가, 나, 다 모양 중에서 두 가지를 사용하여 새로운 모양 2개를 만들었습니다. 사용한 두 가지 모양을 찾아 기호를 써 보세요.

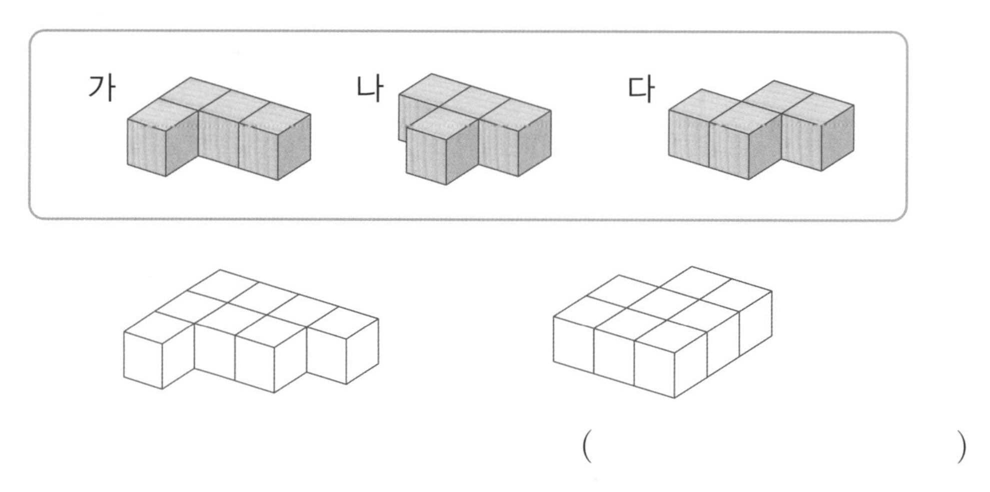

( )

4 가, 나, 다 모양 중에서 두 가지를 사용하여 새로운 모양 2개를 만들었습니다. 사용한 두 가지 모양을 찾아 기호를 써 보세요.

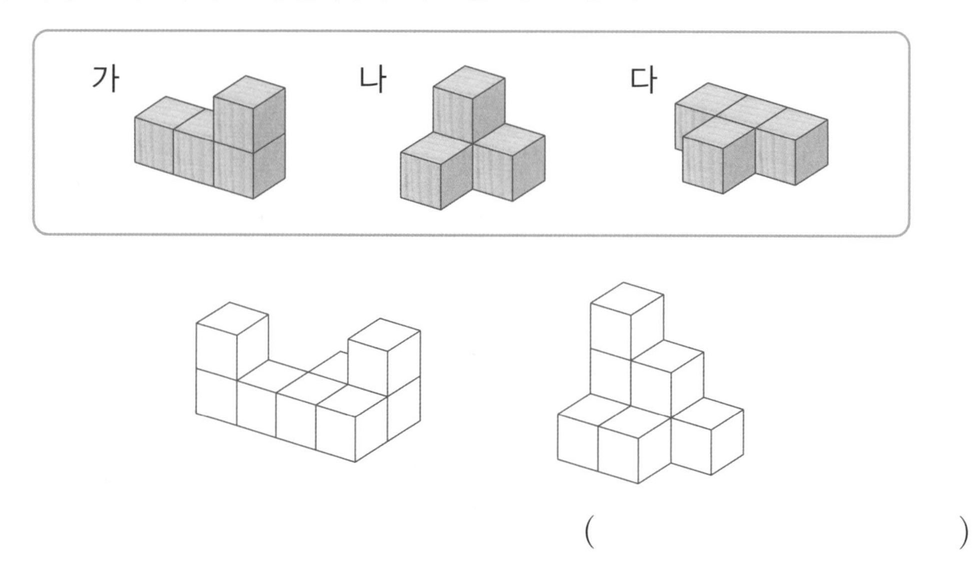

( )

여러 가지 모양 만들어 보기

이름 :
날짜 :
시간 : : ~ :

두 가지 모양을 사용하여 새로운 모양 만들기 ②

1 쌓기나무를 3개씩 붙여서 만든 두 가지 모양을 사용하여 아래의 모양 2개를 만들었습니다. 어떻게 만들었는지 구분하여 색칠해 보세요.

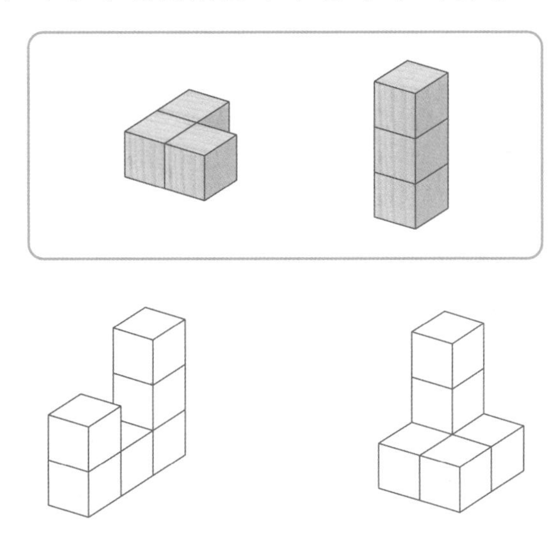

2 쌓기나무를 4개씩 붙여서 만든 두 가지 모양을 사용하여 아래의 모양 2개를 만들었습니다. 어떻게 만들었는지 구분하여 색칠해 보세요.

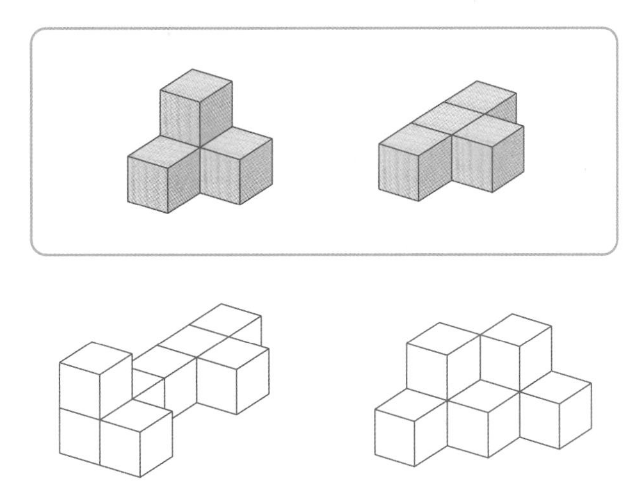

3 쌓기나무를 4개씩 붙여서 만든 두 가지 모양을 사용하여 아래의 모양 2개를 만들었습니다. 어떻게 만들었는지 구분하여 색칠해 보세요.

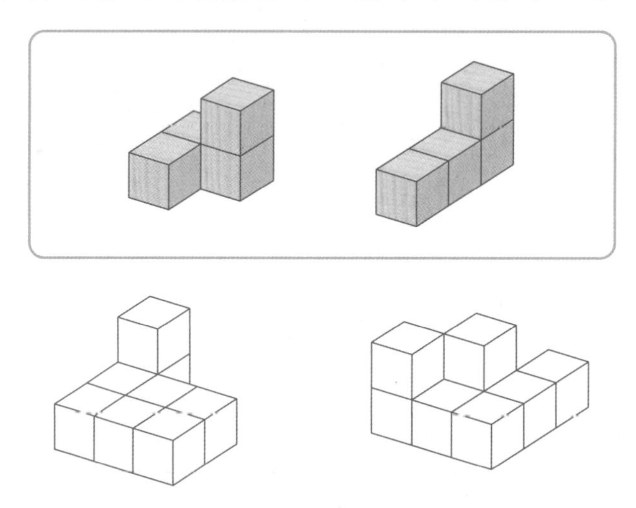

4 쌓기나무를 4개씩 붙여서 만든 두 가지 모양을 사용하여 아래의 모양 2개를 만들었습니다. 어떻게 만들었는지 구분하여 색칠해 보세요.

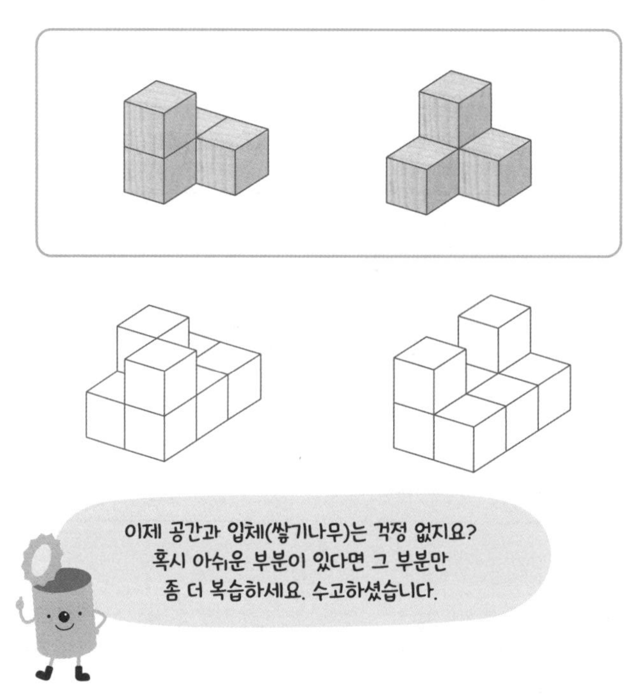

기탄영역별수학
도형·측정편

18과정 | 공간과 입체(쌓기나무)

이름	
실시 연월일	년 월 일
걸린 시간	분 초
오답 수	/ 12

기초부터 탄탄하게
기탄교육

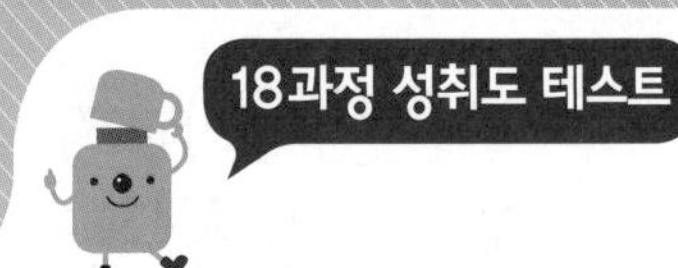

[1~2] 다음 사진은 어느 방향에서 찍은 것인지 보기 에서 알맞은 말을 골라 써 보세요.

보기

왼쪽 오른쪽 앞 뒤 위

1

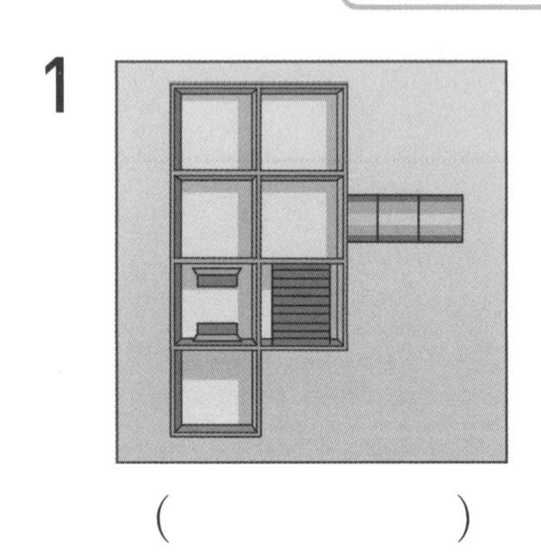

( )

2

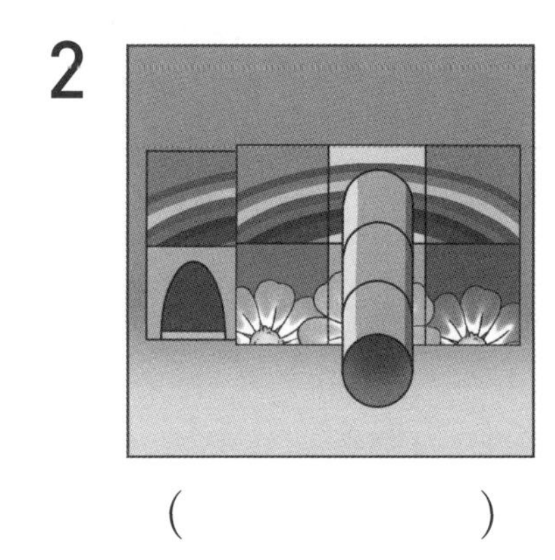

( )

3 쌓기나무로 쌓은 모양을 보고 위에서 본 모양을 그린 것을 찾아 기호를 써 보세요.

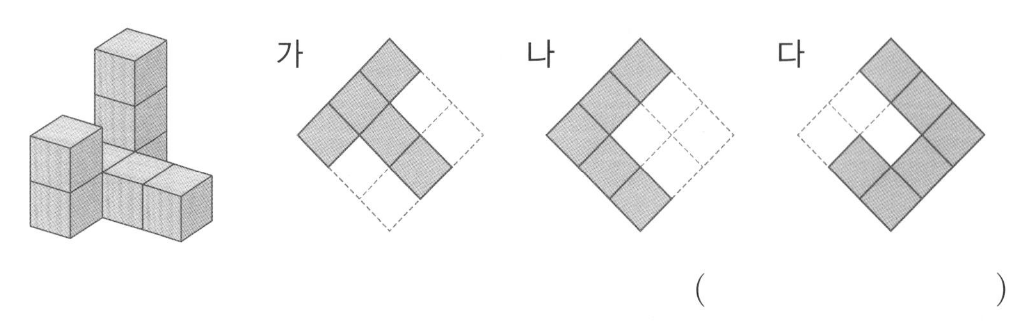

( )

4 쌓기나무로 쌓은 모양과 이를 위에서 본 모양입니다. 주어진 모양과 똑같이 쌓는 데 필요한 쌓기나무의 개수를 구해 보세요.

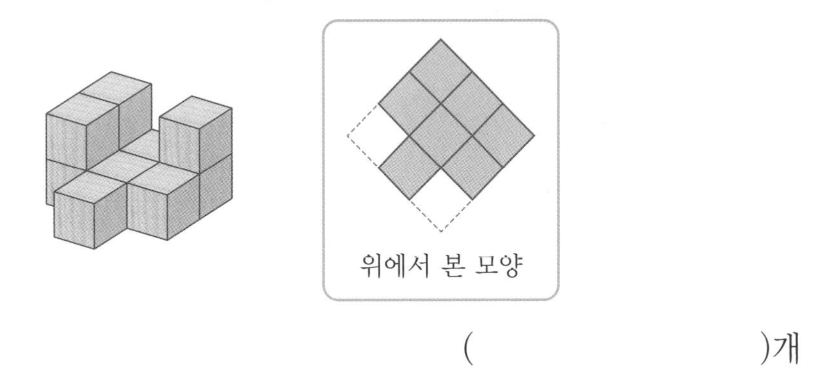

( )개

5 쌓기나무로 쌓은 모양과 위에서 본 모양입니다. 앞과 옆에서 본 모양을 각각 그려 보세요.

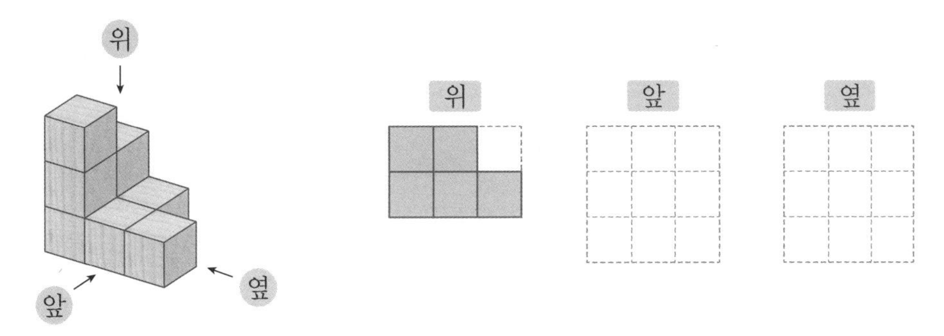

6 쌓기나무로 쌓은 모양을 위, 앞, 옆에서 본 모양입니다. 똑같은 모양으로 쌓는 데 필요한 쌓기나무의 개수를 구해 보세요.

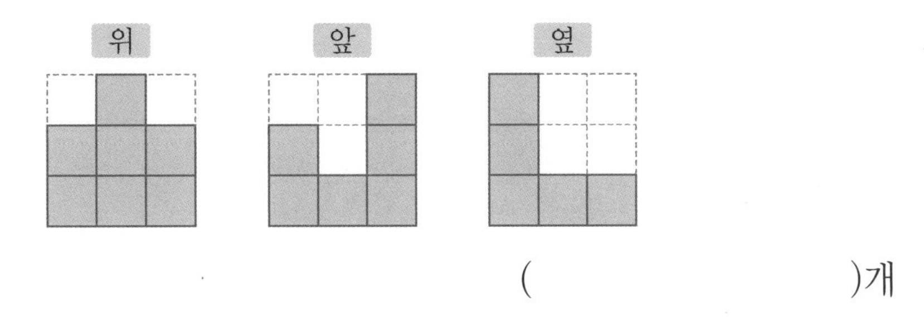

( )개

7 쌓기나무로 쌓은 모양과 위에서 본 모양입니다. 위에서 본 모양의 각 자리에 쌓기나무가 몇 개 쌓여 있는지 수를 써넣고, 똑같은 모양으로 쌓는 데 필요한 쌓기나무의 개수를 구해 보세요.

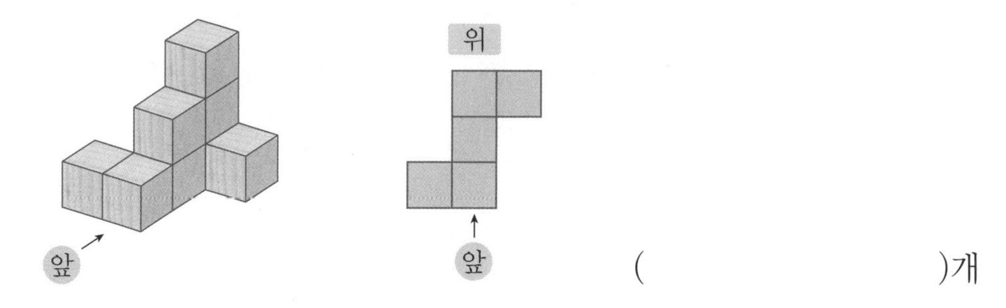

( )개

8 쌓기나무로 쌓은 모양을 위, 앞, 옆에서 본 모양입니다. 똑같은 모양으로 쌓는 데 필요한 쌓기나무의 개수를 구하려고 합니다. □ 안에 알맞은 수를 써넣으세요.

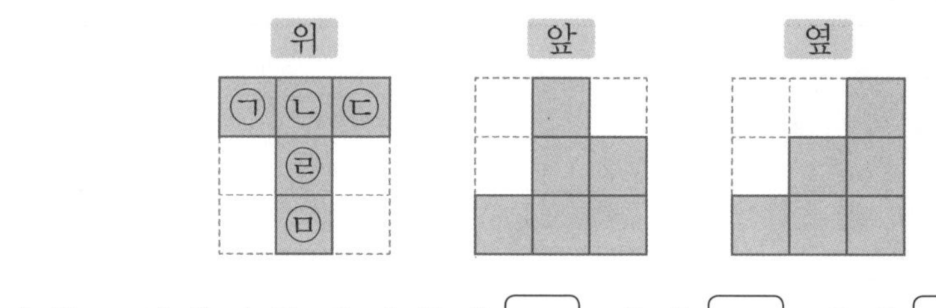

위에서 본 모양에 수를 쓰면 ㉠에 □, ㉡에 □, ㉢에 □, ㉣에 □, ㉤에 □이므로 똑같은 모양으로 쌓는 데 필요한 쌓기나무의 개수는 모두 □개입니다.

9 쌓기나무로 쌓은 모양과 1층 모양을 보고 2층과 3층 모양을 각각 그려 보세요.

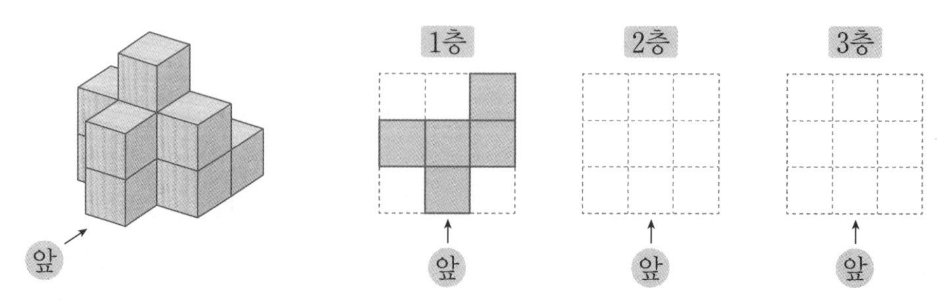

10 쌓기나무로 쌓은 모양을 층별로 나타낸 모양입니다. 앞과 옆에서 본 모양을 그려 보세요.

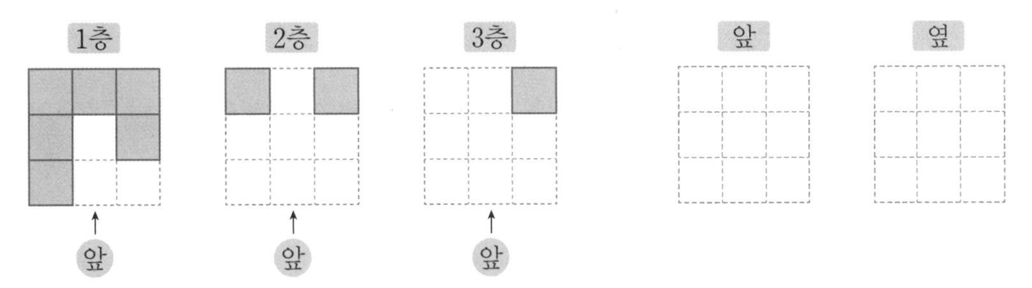

11 모양에 쌓기나무 1개를 더 붙여서 만들 수 있는 모양이 아닌 것을 찾아 기호를 써 보세요.

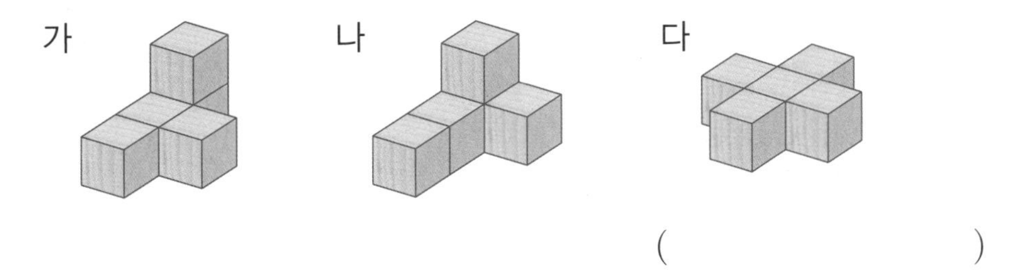

(   )

12 보기 의 두 가지 모양을 사용하여 만들 수 있는 모양을 찾아 기호를 써 보세요.

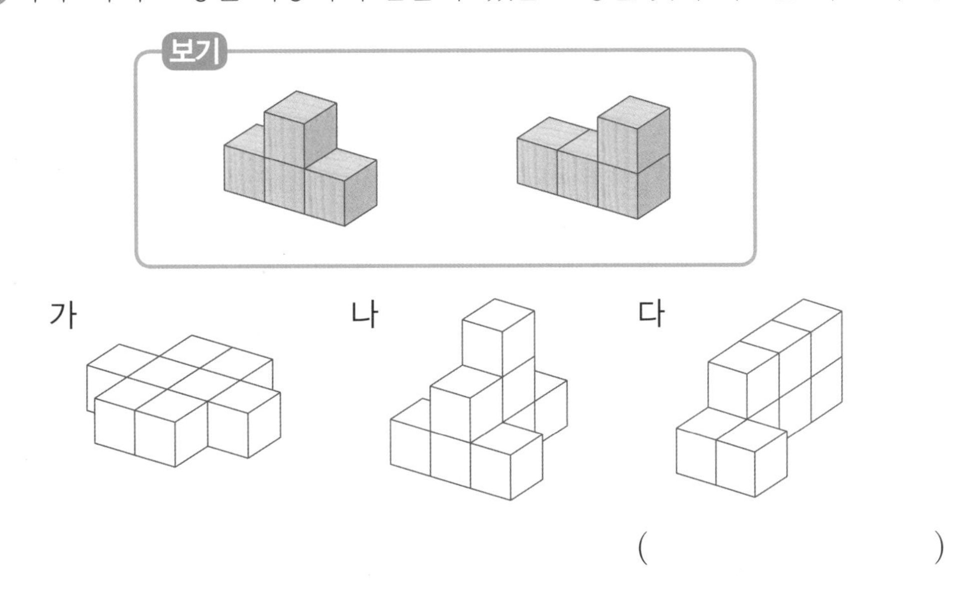

(   )

성취도 테스트 결과표

18과정 | 공간과 입체(쌓기나무)

번호	평가 요소	평가 내용	결과(O, X)	관련 내용
1	어느 방향에서 보았는지 알아보기	사진을 보고 어느 방향에서 찍은 것인지를 알고 있는지 확인하는 문제입니다.		1a
2				1a
3	쌓은 모양과 쌓기나무의 개수 알아보기(1)	쌓기나무로 쌓은 모양을 보고 위에서 본 모양을 그린 것을 찾을 수 있는지 확인하는 문제입니다.		9a
4		쌓기나무로 쌓은 모양과 이를 위에서 본 모양을 보고, 주어진 모양과 똑같이 쌓는 데 필요한 쌓기나무의 개수를 구할 수 있는지 확인하는 문제입니다.		11a
5	쌓은 모양과 쌓기나무의 개수 알아보기(2)	쌓기나무로 쌓은 모양과 위에서 본 모양을 보고, 앞과 옆에서 본 모양을 그릴 수 있는지 확인하는 문제입니다.		14b
6		쌓기나무로 쌓은 모양을 위, 앞, 옆에서 본 모양을 보고, 똑같은 모양으로 쌓는 데 필요한 쌓기나무의 개수를 구할 수 있는지 확인하는 문제입니다.		16a
7	쌓은 모양과 쌓기나무의 개수 알아보기(3)	쌓기나무로 쌓은 모양과 위에서 본 모양을 보고, 위에서 본 모양의 각 자리에 쌓기나무가 몇 개 쌓여 있는지 수를 쓰는 방법으로 똑같은 모양으로 쌓는 데 필요한 쌓기나무의 개수를 구할 수 있는지 확인하는 문제입니다.		22a
8		쌓기나무로 쌓은 모양을 위, 앞, 옆에서 본 모양을 보고, 위에서 본 모양에 수를 쓰는 방법으로 똑같은 모양으로 쌓는 데 필요한 쌓기나무의 개수를 구할 수 있는지 확인하는 문제입니다.		26a
9	쌓은 모양과 쌓기나무의 개수 알아보기(4)	쌓기나무로 쌓은 모양과 1층 모양을 보고 2층과 3층 모양을 그릴 수 있는지 확인하는 문제입니다.		29a
10		쌓기나무로 쌓은 모양을 층별로 나타낸 모양을 보고 앞과 옆에서 본 모양을 그릴 수 있는지 확인하는 문제입니다.		33b
11	여러 가지 모양 만들어 보기	주어진 모양에 쌓기나무 1개를 더 붙여서 만들 수 있는 모양이 아닌 것을 찾을 수 있는지 확인하는 문제입니다.		36a
12		두 가지 모양을 사용하여 만들 수 있는 모양을 찾을 수 있는지 확인하는 문제입니다.		39a

평가	□ A등급(매우 잘함)	□ B등급(잘함)	□ C등급(보통)	□ D등급(부족함)
오답 수	0~1	2	3	4~

- A, B등급: 다음 교재를 시작하세요.
- C등급: 틀린 부분을 다시 한번 더 공부한 후, 다음 교재를 시작하세요.
- D등급: 본 교재를 다시 구입하여 복습한 후, 다음 교재를 시작하세요.

18과정 정답과 풀이

1ab

1 ㉢ 2 ㉠ 3 ㉡ 4 ㉣
5 ㉠ 6 ㉣ 7 ㉡ 8 ㉢

2ab

1 ㉡ 2 ㉠ 3 ㉣ 4 ㉢
5 ㉢ 6 ㉠ 7 ㉡ 8 ㉤

〈풀이〉

5 집, 파라솔, 야자수의 순서로 있으므로 ㉢에서 찍은 사진입니다.

6 야자수, 집, 파라솔의 순서로 있으므로 ㉠에서 찍은 사진입니다.

7 집, 야자수, 파라솔의 순서로 있으므로 ㉡에서 찍은 사진입니다.

8 파라솔, 집, 야자수의 순서로 있으므로 ㉤에서 찍은 사진입니다.

3ab

1 가 2 라 3 나 4 다
5 나 6 다 7 라 8 가

4ab

1 나 2 다 3 라 4 가
5 가 6 라 7 다 8 나

5ab

1 예빈 2 지아 3 재준 4 수혁
5 하은 6 태영 7 정우 8 도윤

6ab

1 민재 2 지우 3 우빈 4 다연
5 한별 6 시우 7 소희 8 승재

7ab

1 나 2 7
3 다 4 없습니다

8ab

1 다 2 라 3 6 4 9

9ab

1 ㉣ 2 ㉡ 3 ㉢ 4 ㉠
5 ㉢ 6 ㉣ 7 ㉠ 8 ㉡

10ab

1 ㉣ 2 ㉢ 3 ㉡ 4 ㉠
5 ㉢ 6 ㉠ 7 ㉣ 8 ㉡

〈풀이〉

1 쌓은 모양의 1층을 보면 위에서부터 3개, 3개, 1개가 연결되어 있는 모양입니다.

2 쌓은 모양의 1층을 보면 위에서부터 3개, 3개가 연결되어 있는 모양입니다.

3 쌓은 모양의 1층을 보면 위에서부터 3개, 1개, 1개가 연결되어 있는 모양입니다.

4 쌓은 모양의 1층을 보면 위에서부터 1개, 3개가 연결되어 있는 모양입니다.

11ab

1 9 2 8 3 10 4 9
5 8 6 10

〈풀이〉

1 1층에 5개, 2층에 3개, 3층에 1개이므로 주어진 모양과 똑같이 쌓는 데 쌓기나무가 9개 필요합니다.

2 1층에 4개, 2층에 3개, 3층에 1개이므로 주어진 모양과 똑같이 쌓는 데 쌓기나무가 8개 필요합니다.

3 1층에 6개, 2층에 3개, 3층에 1개이므로 주어진 모양과 똑같이 쌓는 데 쌓기나무가 10개 필요합니다.

12ab

1 9 **2** 10 **3** 12 **4** 11
5 9 **6** 10

13ab

1 1, 12 **2** 2, 13 **3** 9, 10
4 10, 11 **5** 12, 13

〈풀이〉

3 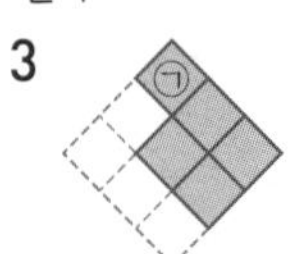
㉠에 3개 이상이 쌓여 있으면 보여야 하는 데 보이지 않으므로 1개 또는 2개가 쌓여 있습니다.
적은 경우: 5(1층)+2(2층)+2(3층)=9(개)
많은 경우: 5(1층)+3(2층)+2(3층)=10(개)

4 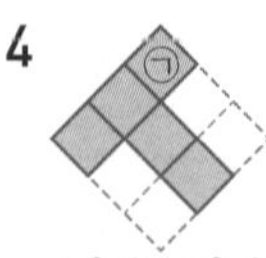
㉠에 3개 이상이 쌓여 있으면 보여야 하는 데 보이지 않으므로 1개 또는 2개가 쌓여 있습니다.
적은 경우: 5(1층)+3(2층)+2(3층)=10(개)
많은 경우: 5(1층)+4(2층)+2(3층)=11(개)

5 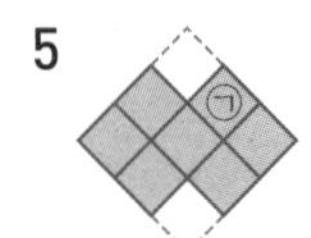
㉠에 3개 이상이 쌓여 있으면 보여야 하는 데 보이지 않으므로 1개 또는 2개가 쌓여 있습니다.
적은 경우: 7(1층)+3(2층)+2(3층)=12(개)
많은 경우: 7(1층)+4(2층)+2(3층)=13(개)

14ab

1 앞, 옆 **2** 옆, 앞
3 앞, 옆

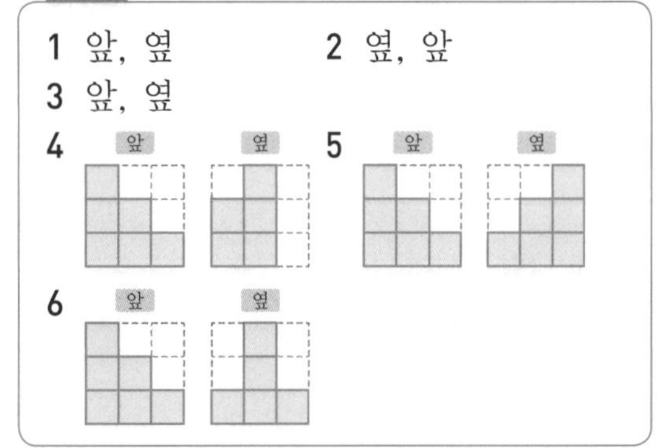

〈풀이〉

3 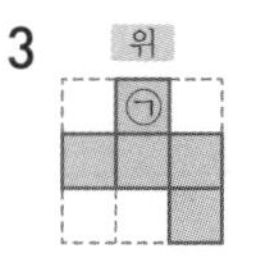

위에서 본 모양을 보면 ㉠에 1개가 쌓여 있음을 알 수 있습니다. 이것에 주의하면서 앞과 옆에서 본 모양을 찾습니다.

6 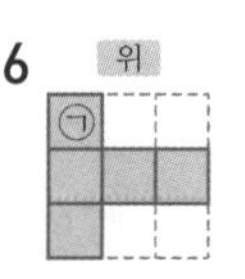

위에서 본 모양을 보면 ㉠에 1개가 쌓여 있음을 알 수 있습니다. 이것에 주의하면서 앞과 옆에서 본 모양을 그립니다.

15ab

1 나 **2** 다 **3** 가 **4** 나

〈풀이〉

1 위에서 본 모양으로 가능한 모양을 찾아보면 가와 나이고, 가와 나 중 앞에서 본 모양으로 가능한 모양을 찾아보면 나입니다. 나는 옆에서 본 모양도 만족을 합니다.

2 위에서 본 모양으로 가능한 모양을 찾아보면 가와 다이고, 가와 다는 앞에서 본 모양으로 모두 가능합니다. 따라서 가와 다 중 옆에서 본 모양으로 가능한 모양을 찾아보면 다입니다.

3 가, 나, 다는 위에서 본 모양으로 모두 가능합니다. 따라서 앞에서 본 모양으로 가능한 모양을 찾아보면 가와 나이고, 가와 나 중 옆에서 본 모양으로 가능한 모양을 찾아보면 가입니다.

4 가, 나, 다는 위에서 본 모양으로 모두 가능합니다. 따라서 앞에서 본 모양으로 가능한 모양을 찾아보면 가와 나이고, 가와 나 중 옆에서 본 모양으로 가능한 모양을 찾아보면 나입니다.

16ab

1 4	**2** 1, 3	**3** 3, 1
4 4, 1, 1, 6		**5** 6
6 7	**7** 8	**8** 7

〈풀이〉

6 위

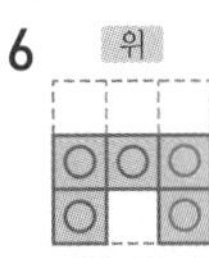

위에서 본 모양을 보면 1층의 쌓기나무는 5개입니다. 앞에서 본 모양을 보면 ○ 부분은 쌓기나무가 각각 1개이고, ○ 부분은 2개 이하입니다. 옆에서 본 모양을 보면 ○ 부분은 쌓기나무가 각각 2개입니다. 따라서 각 층별로 쌓은 쌓기나무의 수를 더하면
5(1층)+2(2층)=7(개)

7 위

위에서 본 모양을 보면 1층의 쌓기나무는 4개입니다. 앞에서 본 모양을 보면 ○ 부분은 쌓기나무가 1개, ○ 부분은 쌓기나무가 2개이고, ◌ 부분은 3개 이하입니다. 옆에서 본 모양을 보면 ◌ 부분 중 △ 부분은 쌓기나무가 3개이고, 나머지는 2개입니다. 따라서 각 층별로 쌓은 쌓기나무의 수를 더하면 4(1층)+3(2층)+1(3층)=8(개)

17ab

1 7	**2** 8	**3** 7	**4** 9
5 8	**6** 8		

〈풀이〉

1 위

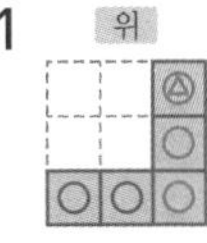

위에서 본 모양을 보면 1층의 쌓기나무는 5개입니다. 앞에서 본 모양을 보면 ○ 부분은 쌓기나무가 각각 1개이고, ○ 부분은 3개 이하입니다. 옆에서 본 모양을 보면 ○ 부분 중 △ 부분은 쌓기나무가 3개이고, 나머지는 각각 1개입니다. 따라서 각 층별로 쌓은 쌓기나무의 수를 더하면
5(1층)+1(2층)+1(3층)=7(개)

2 위

위에서 본 모양을 보면 1층의 쌓기나무는 5개입니다. 앞에서 본 모양을 보면 ○ 부분은 쌓기나무가 각각 1개이고, ○ 부분은 3개 이하입니다. 옆에서 본 모양을 보면 ○ 부분 중 △ 부분은 쌓기나무가 2개이고 나머지는 3개입니다. 따라서 각 층별로 쌓은 쌓기나무의 수를 더하면
5(1층)+2(2층)+1(3층)=8(개)

3 위

위에서 본 모양을 보면 1층의 쌓기나무는 5개입니다. 앞에서 본 모양을 보면 ○ 부분은 쌓기나무가 각각 1개이고, ○ 부분은 3개 이하입니다. 옆에서 본 모양을 보면 ○ 부분 중 △ 부분은 쌓기나무가 3개이고 나머지는 1개입니다. 따라서 각 층별로 쌓은 쌓기나무의 수를 더하면
5(1층)+1(2층)+1(3층)=7(개)

18ab

1 옆 **2** 옆 **3** 옆
4 옆 **5** 옆 **6** 옆
7 옆 **8** 옆

〈풀이〉

1 앞에서 본 모양을 보면 ○ 부분은 쌓기나무가 각각 1개, ◎ 부분은 쌓기나무가 3개입니다. 따라서 옆에서 보면 왼쪽부터 1층, 3층으로 보입니다.

5 앞에서 본 모양을 보면 ○ 부분은 쌓기나무가 각각 2개이고, ◎ 부분은 2개 이하입니다. 그런데 쌓기나무 8개로 쌓았으므로 ◎ 부분은 쌓기나무가 각각 2개입니다. 따라서 옆에서 보면 왼쪽부터 2층, 2층으로 보입니다.

19ab

1 가, 나 2 나, 다 3 가, 다 4 나, 다

〈풀이〉

1 다는 옆에서 본 모양이 입니다.

2 가는 앞에서 본 모양이 입니다.

20ab

1 가, 다, 라 2 6, 8
3 8, 9 4 10, 11 5 9, 10

〈풀이〉

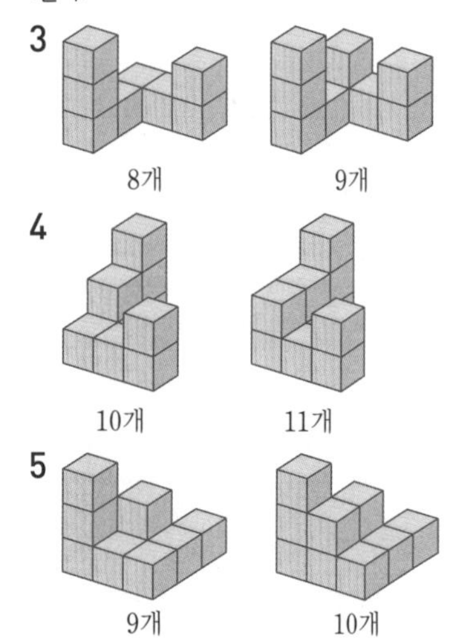

21ab

1 ㉠ 2 ㉡ 3 ㉡ 4 ㉠
5 ㉠, ㉡ 6 ㉡ 7 ㉠ 8 ㉠

〈풀이〉

1 상자에 넣으려면 'ㄴ' 모양의 구멍이 있어야 하므로 상자 ㉡에는 넣을 수 없습니다.

2 상자에 넣으려면 쌓기나무 3개가 한 줄로 들어갈 수 있는 구멍이 있어야 하므로 상자 ㉠에는 넣을 수 없습니다.

22ab

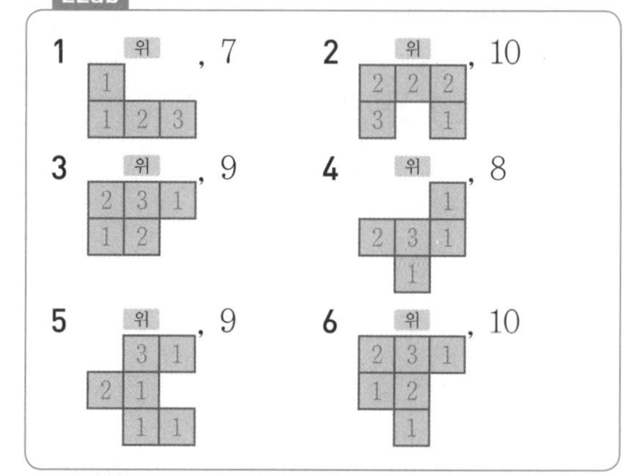

23ab

1 ㉢ 2 ㉡ 3 ㉠ 4 ㉢
5 ㉠ 6 ㉡

24ab

1 앞, 옆 2 옆, 앞 3 옆, 앞

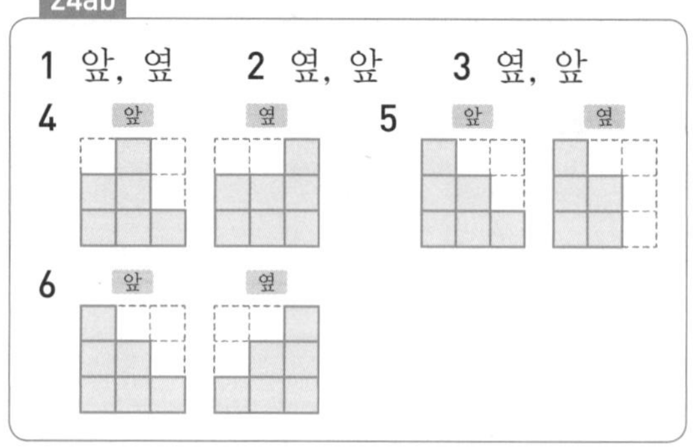

〈풀이〉

1 앞에서 보면 왼쪽부터 3층, 2층으로 보이고, 옆에서 보면 왼쪽부터 2층, 2층, 3층으로 보입니다.

2 앞에서 보면 왼쪽부터 2층, 3층, 1층으로 보이고, 옆에서 보면 왼쪽부터 1층, 3층으로 보입니다.

3 앞에서 보면 왼쪽부터 2층, 3층, 2층으로 보이고, 옆에서 보면 왼쪽부터 1층, 3층, 2층으로 보입니다.

25ab

1 ㉡	**2** ㉢	**3** ㉠	**4** ㉣
5 ㉡	**6** ㉣	**7** ㉠	**8** ㉢

〈풀이〉

5~8 위에서 본 모양이 서로 같은 쌓기나무입니다. 위에서 본 모양에 쌓인 쌓기나무의 개수를 세어서 비교합니다.

26ab

1 1, 1	**2** 3	**3** 2
4 1, 3, 1, 2, 7		**5** 7
6 8	**7** 6	**8** 10

〈풀이〉

1 앞에서 본 모양을 보면 ㉠과 ㉢에 쌓인 쌓기나무는 각각 1개입니다.

2 옆에서 본 모양을 보면 ㉡에 쌓인 쌓기나무는 3개입니다.

3 옆에서 본 모양을 보면 ㉣에 쌓인 쌓기나무는 2개입니다.

6

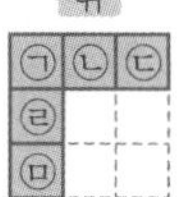

앞에서 본 모양을 보면 ㉡에 쌓인 쌓기나무는 1개, ㉢에 쌓인 쌓기나무는 2개입니다. 옆에서 본 모양을 보면 ㉠에 쌓인 쌓기나무는 3개, ㉣에 쌓인 쌓기나무는 1개, ㉤에 쌓인 쌓기나무는 1개입니다. 각 자리별로 쌓인 쌓기나무의 수를 더하면
3(㉠)+1(㉡)+2(㉢)+1(㉣)+1(㉤)=8(개)

27ab

1 7	**2** 9	**3** 8	**4** 9
5 6	**6** 10		

〈풀이〉

1 위

	1	
2	1	2
		1

각 자리에 쌓인 쌓기나무의 수를 모두 더하면
1+2+1+2+1=7(개)

2 위

3		
1	1	1
2	1	

각 자리에 쌓인 쌓기나무의 수를 모두 더하면
3+1+1+1+2+1=9(개)

3 위

1		
1	1	
2	3	

각 자리에 쌓인 쌓기나무의 수를 모두 더하면
1+1+1+2+3=8(개)

28ab

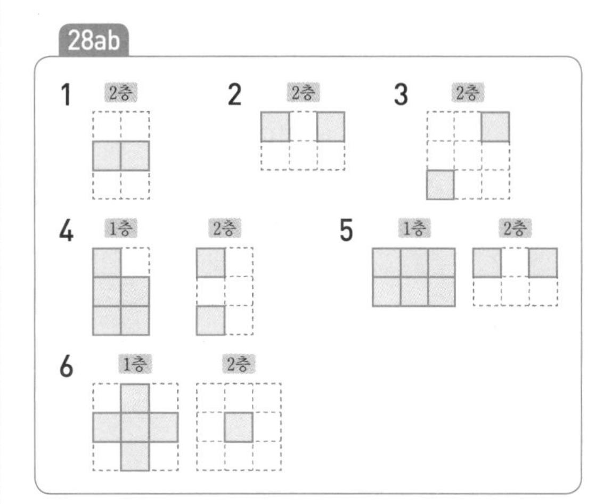

〈풀이〉

1 1층 모양을 보고 쌓기나무로 쌓은 모양의 뒤에 보이지 않는 쌓기나무가 없다는 것을 알 수 있습니다. 따라서 1층에 쌓인 쌓기나무 모양을 보고 2층에 쌓기나무 2개를 위치에 맞게 그립니다.

4 1층에는 쌓기나무 5개가 와 같은 모양으로 있습니다. 그리고 1층에 쌓인 모양을 보고 2층에 쌓기나무 2개를 위치에 맞게 그립니다.

29ab

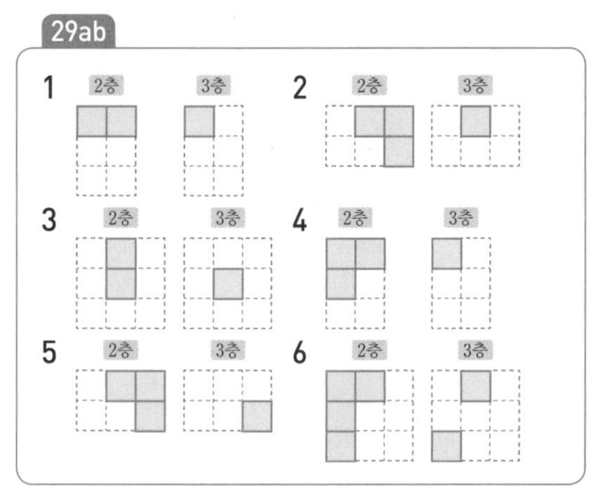

〈풀이〉

1 1층 모양을 보고 쌓기나무로 쌓은 모양의 뒤에 보이지 않는 쌓기나무가 없다는 것을 알 수 있습니다. 따라서 1층에 쌓인 쌓기나무 모양을 보고 2층에 쌓기나무 2개, 3층에 쌓기나무 1개를 위치에 맞게 그립니다.

6 1층 모양을 보고 쌓기나무로 쌓은 모양의 뒤에 보이지 않는 쌓기나무가 없다는 것을 알 수 있습니다. 따라서 1층에 쌓인 쌓기나무 모양을 보고 2층에 쌓기나무 4개, 3층에 쌓기나무 2개를 위치에 맞게 그립니다.

30ab

1 가　　2 나　　3 다　　4 나

〈풀이〉

1 1층 모양으로 가능한 모양을 찾아보면 가와 나이고, 가와 나 중 2층 모양으로 가능한 모양을 찾아보면 가입니다. 가는 3층 모양으로 가능한 모양입니다.

2 1층 모양으로 가능한 모양을 찾아보면 나와 다이고, 나와 다는 2층 모양으로 모두 가능하므로 나와 다 중 3층 모양으로 가능한 모양을 찾아보면 나입니다.

3 가, 나, 다는 1층 모양으로 모두 가능하므로 2층 모양으로 가능한 모양을 찾아보면 가와 다이고, 가와 다 중 3층 모양으로 가능한 모양을 찾아보면 다입니다.

4 가, 나, 다는 1층과 2층 모양으로 모두 가능하므로 가, 나, 다 중 3층 모양으로 가능한 모양을 찾아보면 나입니다.

31ab

1 5, 2, 1, 8 / 8　2 6, 4, 1, 11 / 11
3 8　4 9　5 10

32ab

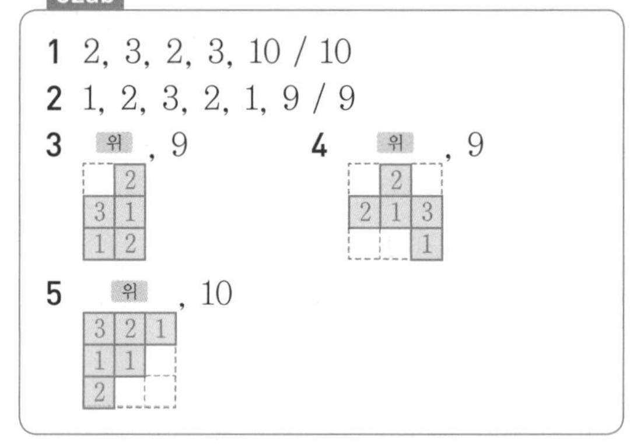

1 2, 3, 2, 3, 10 / 10
2 1, 2, 3, 2, 1, 9 / 9
3 위, 9
4 위, 9
5 위, 10

33ab

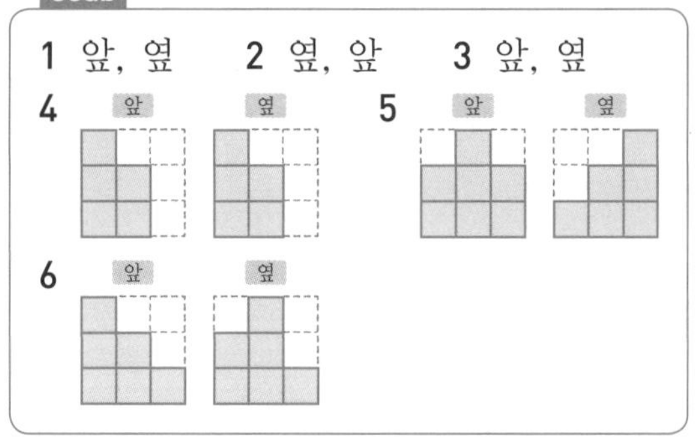

1 앞, 옆　2 옆, 앞　3 앞, 옆
4 앞 옆　5 앞 옆
6 앞 옆

〈풀이〉

1 위에서 본 모양에 수를 쓰는 방법으로 나타내면 (위: 3 1 / 1 / 3 2)입니다. 따라서 앞에서 보면 왼쪽부터 3층, 2층으로 보이고, 옆에서 보면 왼쪽부터 3층, 1층, 3층으로 보입니다.

4 위에서 본 모양에 수를 쓰는 방법으로 나타내면 (위: 2 2 / 3)입니다. 따라서 앞과 옆에서 보면 왼쪽부터 각각 3층, 2층으로 보입니다.

18과정 정답과 풀이

34ab

1 나, 다　　2 가, 라
3 라, 다　　4 나, 가

〈풀이〉

1 2층으로 가능한 모양은 가, 나, 다입니다. 2층에 나를 놓으면 3층에 다를 놓을 수 있습니다. 2층에 가를 놓으면 3층에 놓을 수 있는 모양이 없고, 2층에 다를 놓아도 3층에 놓을 수 있는 모양이 없습니다.

3 2층으로 가능한 모양은 나, 다, 라입니다. 2층에 라를 놓으면 3층에 다를 놓을 수 있습니다. 2층에 나를 놓으면 3층에 놓을 수 있는 모양이 없고, 2층에 다를 놓아도 3층에 놓을 수 있는 모양이 없습니다.

35ab

1 (1) 2 (2) 2　　2 가, 다 / 나, 라
3 3　4 7　5 2　6 8

〈풀이〉

1 쌓기나무 3개로 만들 수 있는 서로 다른 모양은 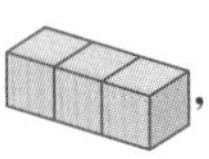 , 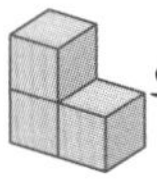 의 2가지입니다.

6 쌓기나무 4개로 만들 수 있는 서로 다른 모양은 아래와 같은 8가지입니다.

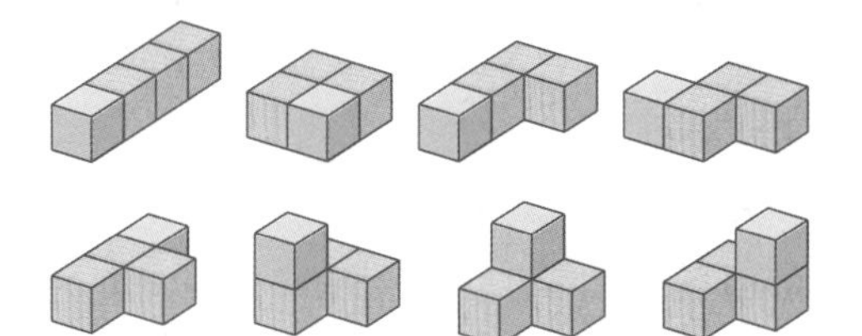

36ab

1 라　2 가　3 다　4 나

〈풀이〉

1 가 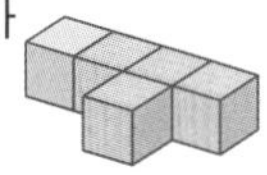　나 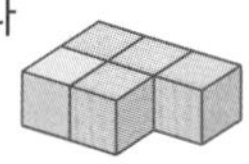　다

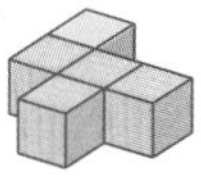

3 가 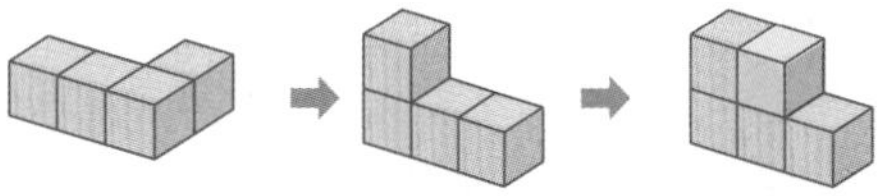 → 돌리고 → 쌓기나무 붙이기

나 → 돌리고 → 쌓기나무 붙이기

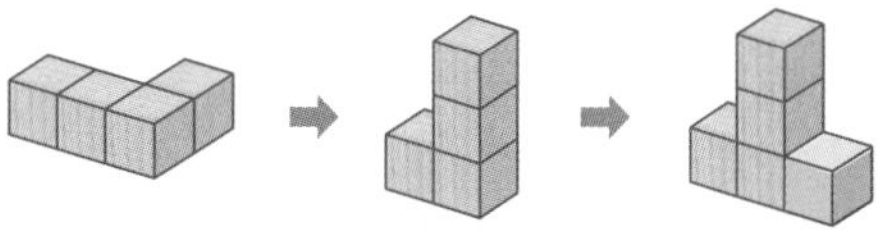

라

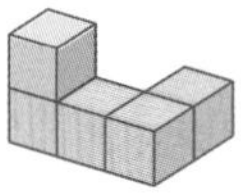

37ab

1 ㉡　2 ㉢　3 ㉣　4 ㉠
5 ㉣　6 ㉢　7 ㉡　8 ㉠

〈풀이〉

5 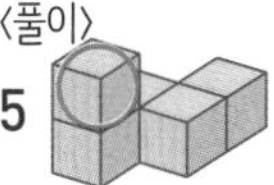 ○표 한 쌓기나무가 오른쪽에 오도록 돌리면 ㉣ 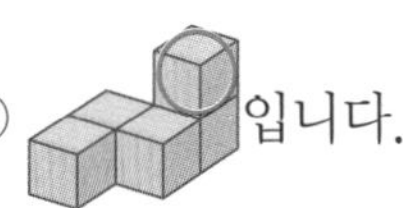 입니다.

6 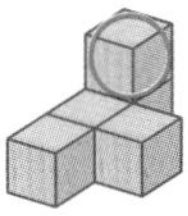 ○표 한 쌓기나무가 1층에 오도록 돌리면 ㉢ 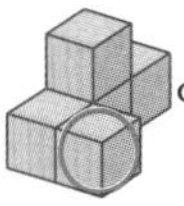 입니다.

7 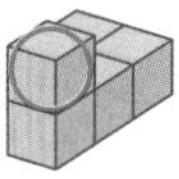 ○표 한 쌓기나무가 1층에 오도록 돌리면 ㉡ 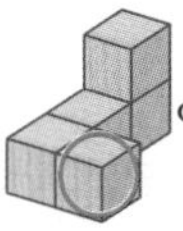 입니다.

8 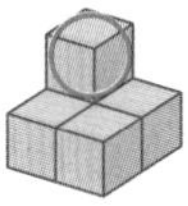 ○표 한 쌓기나무가 1층에 오도록 돌리면 ㉠ 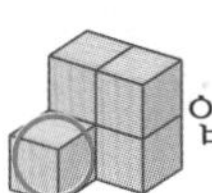 입니다.

38ab

1 ㉣ 2 ㉠ 3 ㉡ 4 ㉢
5 ㉣ 6 ㉡ 7 ㉢ 8 ㉠

39ab

1 가, 다 2 나, 다
3 가, 다 4 가, 나

〈풀이〉

1 가 다

2 나 다

3

4

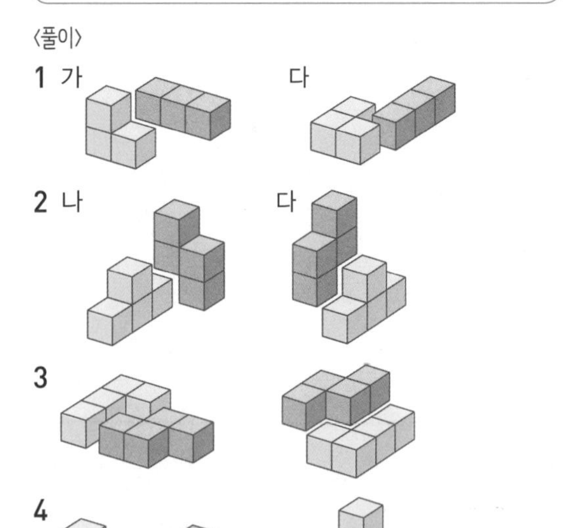

40ab

1

2

3

4

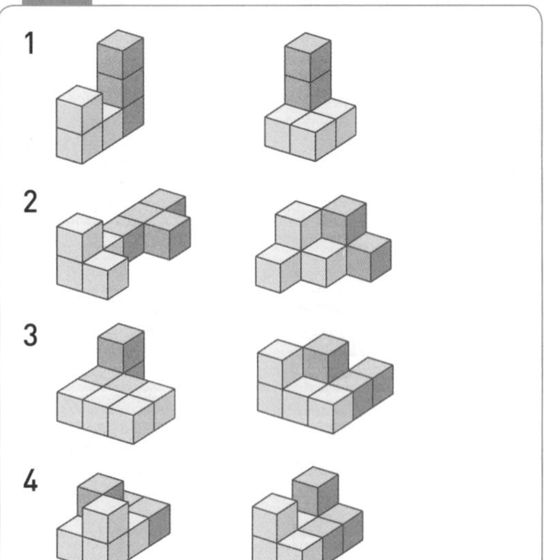

〈풀이〉

1

2

3

4

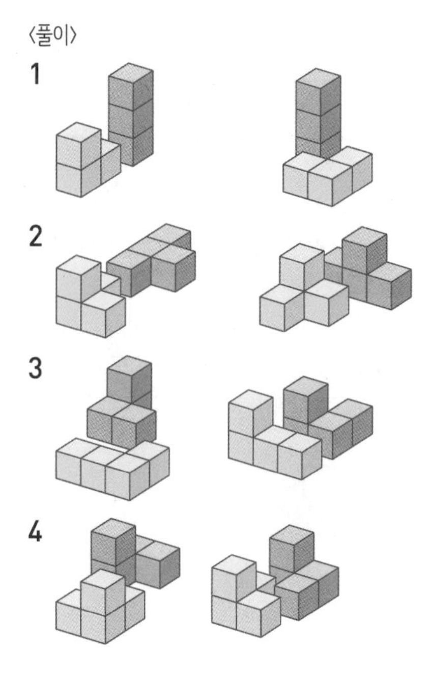

성취도 테스트

1 위
2 오른쪽
3 가
4 10
5 앞 옆
6 10
7 3 1 / 2 / 1 1, 8
8 1, 3, 2, 2, 1, 9
9 2층 3층
10 앞 옆
11 나
12 나